作物生产学实验

刘 鹏 主编

中国农业出版社
北 京

本 书 编 写 组

主　编　刘　鹏

副主编　宁堂原　李　勇　赵　斌

编　者（按姓氏笔画排序）

毛丽丽　石　玉　代兴龙　宁堂原　任佰朝　刘　鹏

李　勇　李　耕　杨东清　张　昆　张彩霞　陈国庆

赵　斌　柳洪鹍　韩　坤　韩惠芳

审　稿　王振林　李向东

作物生产学实验是农学及相关涉农专业的必修课程，是作物栽培学、植物生产学、耕作学的配套实践教学环节，以增强学生理论联系实际、提高实验技能和动手能力为根本目的。通过学习，能使学生充分了解农业实验的特点、熟悉作物生产的各个环节，学会数据调查和统计分析方法，用科学的语言按照一定逻辑顺序完成实验报告及总结。

本书共46个实验，内容包括：作物形态特征观察与类型识别、作物播种技术、不同生长发育时期田间长势观察与诊断、幼穗分化过程观察、田间小气候观测、作物生长分析、作物生产潜力估算、根系形态与活性观测、田间估产与室内考种、谷物品质分析、作物布局评价与优化设计等单项实验，同时考虑到作物生产的全过程，增加了主要粮食作物的综合性实验。除小麦、玉米、水稻等主要粮食作物外，还包括棉花、花生、甘薯、大豆、烟草等其他作物。

参加本书编写工作的均为工作在一线的中青年教师，编者及分工如下：李勇（实验一、实验三十二、实验三十三）、代兴龙（实验二、实验三、实验六、实验七、实验四十二）、石玉（实验四、实验五）、刘鹏（实验八、实验四十）、任佰朝（实验九、实验四十三）、赵斌（实验十、实验十一）、毛丽丽（实验十二、实验十三、实验十四、实验十五、实验四十五）、张昆（实验十六、实验二十八、实验二十九、实验三十、实验三十一）、杨东清（实验十七、实验十八、实验十九、实验四十四）、张彩霞（实验二十、实验二十一、实验二十二、实验二十三、实验二十四）、柳洪鹃（实验二十五、实验二十六、实验二十七、实验四十六）、宁堂原（实验三十四、实验三十九）、韩惠芳（实验三十五、实验三十八、实验四十一）、李耕（实验三十六）、韩坤（实验三十七）、陈国庆（实验四十）。王振林教授、李向东教授在整个编写过程中给予了详细指导，并担任全书的审稿工作，对书稿反复推敲、逐字逐句修改，为本书的顺利出版作出了突出贡献。

　　本书是全体编写组人员共同努力的结晶。由于水平有限，书中疏漏之处在所难免，敬请读者批评指正。

编　者
2020 年 12 月

目 录

前言

实验一 冬小麦播种技术

一、实验目的

了解播种技术对冬小麦光热资源利用、群体构建的影响。

二、材料与用具

冬小麦良种、直尺、卷尺、划行器、开沟器、叶绿素仪、光合仪、烘箱。

三、实验内容

1. 播种技术

（1）小麦播种时间 一般在 10 月 10 日前后。

（2）播种方式 目前主要有条播及宽幅精播两种。

① 条播。种子均匀地播成长条，行距 15～20 cm（图 1-1）。

② 宽幅精播。扩大行距，改传统小行距（15～20 cm）密集条播为等行距（22～26 cm）宽幅播种；扩大播幅，改传统密集条播为宽播幅（8 cm）种子分散式粒播（图 1-2）。

图 1-1 条 播　　　　　　图 1-2 宽幅精播

2. 实验设计

以条播（行距 20 cm）、宽幅精播（行距 24 cm、播幅 8 cm）2 种播种方式为主区，以 225 万粒/hm²、300 万粒/hm²、375 万粒/hm² 3 个播种密度水平为副区。

3. 田间调查

于 3 叶期调查出苗率，并及时补种；越冬期、拔节期、开花期、成熟期等时期调查群体质量、测定干物质；于开花期每间隔 5 d 测定旗叶叶绿素含量、光合速率；于成熟期测产。

四、方法与步骤

1. 撒施肥料后机械深耕 25 cm，并旋耕 2 遍。

2. 条播，人工开沟（4 cm 深），行距 20 cm，人工点播籽粒（225 万粒/hm²、300 万粒/hm²、375 万粒/hm² 3 个播种密度的株距分别为 2.2 cm、1.7 cm 和 1.3 cm）；宽幅精播，采用宽幅精播机，播后镇压。

3. 田间调查各生育时期的群体，测定群体干物质、开花后旗叶相对叶绿素含量和光合速率，并于成熟期测产，数据记录于表 1-1。每个指标均要求 3 次或以上重复。

表 1-1　实验数据记录

处理	出苗率（%）	群体干物质（kg/hm²）	相对叶绿素含量（SPAD）	光合速率 [μmol/(m²·s)]	产量（kg/hm²）

4. 数据整理分析。

五、作业

1. 分析不同播种方式对冬小麦群体质量的影响。
2. 分析种植密度对冬小麦物质生产的影响。

实验二　冬小麦冬前田间诊断

一、实验目的

1. 通过调查分析不同苗情的植株形态和群体数量，掌握小麦冬前形态特征，熟悉各类苗情的长势长相。

2. 学习依据田间苗情，结合地力水平和目标产量，制订因地因苗管理的技术措施。

二、材料与用具

不同类型麦田及植株；卷尺、剪刀、小铲刀、直尺、烘箱、电子天平。

三、内容说明

1. 小麦冬前生长发育特点及管理意义

小麦的出苗至越冬阶段，主要以生根、长叶、分蘖为主，此期的管理重点为出苗后及时查苗补种、疏稠补稀，同时通过适时冬灌、冬前中耕、镇压控旺等手段促根增蘖，确保麦苗安全越冬，为来年穗多、穗大打下良好基础。

黄淮海麦区冬前平均气温稳定降至 4 ℃左右时，麦苗停止生长，此时即进入越冬期。进入越冬期后麦苗多呈匍匐状，随时间推进，叶色逐渐呈现暗绿色。

冬前苗情对于小麦能否安全越冬具有重要意义。冬前调研小麦苗情，结合肥水管理、中耕促根、化学除草等管理措施可促进麦苗安全越冬，保障小麦产量。

2. 冬前苗情田间诊断标准

"田间诊断"是指根据不同地块的土壤墒情和供肥能力、麦苗的长势长相分析苗情，为合理肥水管理提供依据。结合区域生态、生产条件，提出壮苗、弱苗和旺苗的诊断指标。

（1）壮苗　高产田冬前群体总茎数为计划穗数的 1.2～1.5 倍为宜，分蘖成穗率低的大穗型品种或一般田为计划穗数的 1.8～2.0 倍为宜。叶面积指数 1.0～1.2，远望封垄，近看能看到地面。株高 15～20 cm，不窜高、不起身。主茎叶龄 6～7，单株茎数 4～7 个，一级分蘖缺位少，分蘖节不外露、不过深。叶片短宽，颜色葱绿，上部微带紫色。次生根 8 条以上，粗而壮。

（2）旺苗　群体过大，株高 25 cm 以上，主茎叶龄偏高，苗色浓绿发黑，叶片肥大，嫩而披垂。叶鞘拉长，基部色淡绿。分蘖与主茎差异较大，根系细弱，次生根数偏少。

（3）弱苗　群体个体均偏小，主茎叶龄偏小，分蘖缺位较多，甚至仅 2～3 叶、单秆独苗。叶色浅、短小而僵直，茎鞘纤细，次生根少而纤弱。

四、方法与步骤

1. 按选定的壮、弱、旺苗的典型地块，开展田间调查

在田间观察植株长势（分为壮、弱、旺）、叶色，测量麦苗株高（自然高度）。采用对角线五点取样法，取点调查单位面积茎数，每个样点大小为 1 m²，折算出每公顷总茎数。

2. 在每类麦田带根挖取麦苗 20 株，进行室内调查

（1）调查单株茎数、单株初生根和次生根条数、地中茎长、主茎叶龄、叶片颜色和形状、有无缺位蘖。

（2）将植株叶片取下，量取叶片长和中部宽度，采用长宽系数法测量单个绿叶面积，并计算叶面积指数。

$$单个绿叶面积（cm^2）=叶长（cm）\times 最大叶宽（cm）\times 0.83$$

3. 填表　将田间和室内调查、测定结果填入表 2-1。

表 2-1　冬小麦起身期田间诊断调查记录表

项　目	地块 1	地块 2	地块 3	地块 4	地块 5
单株茎数（根）					
单株初生根条数					
单株次生根条数					
分蘖缺位情况					
主茎叶龄					
叶片颜色、形状					
单株绿叶面积（cm²）					
地中茎长（cm）					
单位面积总茎数（万/hm²）					
叶面积指数					
苗情诊断情况					

五、作业

1. 调查各地块群体和个体差异，诊断苗情。

2. 根据苗情诊断情况，结合目标产量、生产和生态条件，提出合理的栽培管理措施。

实验三　冬小麦起身期诊断

一、实验目的

1. 通过调查分析不同苗情的植株形态和群体动态，掌握小麦起身期的形态特征，熟悉各类苗情的长势长相。

2. 学习依据田间苗情，结合地力水平和目标产量，制订因地因苗管理的技术措施。

二、材料与用具

不同类型麦田及植株；卷尺、剪刀、小铲刀、直尺、烘箱、电子天平。

三、内容说明

1. 冬小麦起身期生长发育特点及管理意义

(1) 起身期是小麦由缓慢生长转入快速生长的初期。其特点是：春季分蘖接近结束，相继开始两极分化，茎节微微伸长，对于温度、光照、水分、营养等环境条件要求逐渐提高。

(2) 起身期是小麦穗分化二棱期—颖片原基分化期，是小穗小花发育、决定穗粒数的关键时期，也是小麦进入生殖生长—营养生长并重的起始时期。起身期的群体结构对拔节期—孕穗期—开花期的群体调控、穗粒数和产量形成、茎秆倒伏能力具有重要的影响。

(3) 起身期的肥水管理是调节麦田群体合理发展，促进弱苗转壮，控制旺苗过度生长，使壮苗稳健发展，提高分蘖成穗率，促进幼穗分化，争取壮秆大穗的关键时期。

2. 起身期的植株形态标准

麦苗由匍匐变为直立，主茎春生第一叶与年前最后一叶（越冬交接叶）的叶耳距达 1.5 cm 左右，春生第二叶接近定长。穗分化进入二棱期。

3. 起身期田间诊断标准

田间诊断是指根据不同地块的土壤墒情和供肥能力、麦苗的长势长相分析苗情，为合理肥水管理提供依据。结合区域生态、生产条件，壮苗、弱苗和旺苗的诊断指标如下。

(1) 壮苗　叶片青绿挺拔，叶片较宽厚而不披、斜举，叶色葱绿，心叶出生快，分蘖粗壮，大蘖赶上主茎的速度快、与主茎差异小，次生根多，根白，粗壮。每公顷分蘖数：1 050万～1 200万，叶面积指数1.5～2.0。

（2）旺苗　叶片黑绿油亮，叶片宽大下披，单位面积分蘖数多（＞1 200万/hm²），封垄，叶面积系数大，分蘖间差异小，两极分化延迟。多数源于底肥偏高或者返青期施肥早，如不控制徒长，后期将会因成穗数较高，导致冠层内部遮蔽、光照条件恶化、茎秆充实度降低、植株变高、根系发育不良、穗小、倒伏、减产。

（3）弱苗　常见的弱苗主要包括以下几种。

① 缺肥弱苗。叶片黄瘦而上举，分蘖出生慢而少，空心蘖出现早，根系少而弱，每公顷总茎数和叶面积指数低于壮苗。

② 旺长弱苗。冬前群体较大的旺苗，冬季可能遭受冻害而转为弱苗，虽然每公顷总茎数较多，但其活力较低。此类弱苗因无效分蘖过多，导致地力消耗，如不加强管理，将会导致根系发育不良，穗少、穗小而减产。

③ 晚播弱苗。麦苗生长弱，苗龄小，分蘖少。一般叶色正常，有时叶尖发紫。

四、方法与步骤

1. 按选定壮、弱、旺苗的典型地块，开展田间调查

了解小麦品种，逐块观察植株长势（分为壮、弱、旺苗）、叶色，测量麦苗株高（自然高度）。采用对角线五点取样法，取点调查单位面积茎数，每个样点大小为1 m²，折算出每公顷总茎数。

2. 在每类麦田带根挖取麦苗20株，进行室内调查

（1）调查主茎叶片数、单株茎数、3叶以上大蘖数、单株次生根条数。

（2）用天平称量植株鲜重，并计算单株鲜重。

（3）将植株叶片取下，量取叶片长和中部宽度，采用长宽系数法测量单个绿叶面积，并计算叶面积指数。单个绿叶面积（cm²）＝叶长（cm）×最大叶宽（cm）×0.83。

（4）取植株主茎，用显微镜观察穗分化时期。

（5）将一定数量植株茎叶放入纸袋中（注意做好标记），烘箱105 ℃杀青30 min后80 ℃烘至恒重，称重计算单株干重。

3. 将田间和室内调查、测定结果填表

见表3-1。

表3-1　冬小麦起身期田间诊断调查记录表

项　目	地块1	地块2	地块3	地块4	地块5
单株茎数（根）					

（续）

项　目	地块 1	地块 2	地块 3	地块 4	地块 5
单株次生根条数					
3 叶（含）以上大蘖数（个）					
主茎叶片数					
叶片颜色、大小、形状					
单株绿叶面积（cm²）					
单株鲜重（g）					
单株干重（g）					
单位面积总茎数（万根/hm²）					
叶面积指数					
苗情诊断情况					

五、作业

1. 调查各地块群体和个体情况，诊断苗情。

2. 根据苗情诊断情况，结合生产、生态条件与产量目标，提出合理的栽培管理措施。

实验四　小麦幼穗分化过程观察

一、实验目的

了解小麦幼穗分化过程与植株外部形态、生育时期的对应关系。

二、材料与用具

幼穗分化各时期的小麦植株、镊子、解剖针、剪刀、刀片、直尺、显微镜、解剖镜、载玻片、盖玻片、醋酸洋红。

三、内容说明

1. 小麦穗、花的构造

小麦穗为复穗状花序，由穗轴和小穗组成。穗轴由穗轴节片组成，每个节片着生1枚小穗。每个小穗由小穗轴、2个颖片和数朵小花构成。一般每小穗有小花3～9朵，但通常仅有2～3朵小花结实。一个发育完全的小花包括1片外稃、1片内稃、3枚雄蕊、1枚雌蕊和2枚鳞片。

2. 观察时间

小麦幼穗开始分化的时间，因播期和品种不同而异。在秋播条件下，一般适时播种的冬性品种，穗分化于返青后开始；春性强的品种或播种过早的冬性品种，亦可在冬前开始。所以，开始观察的时间要根据具体情况而定。

幼穗分化是一个连续的渐变过程，从开始（伸长期）到结束（四分体期），以3 d左右观察一次为宜。

3. 小麦幼穗分化各时期的形态特征

小麦开始穗分化前，茎生长锥未伸长，基部宽大于高，呈半圆形，在基部陆续分化新的叶、腋芽和茎节原基，未开始穗的分化。此期历时长短，因品种春化特性和播期而异。小麦幼穗分化各时期的形态特征见表4-1。

表4-1　小麦幼穗分化各时期的形态特征

幼穗分化时期	幼穗形态特征	植株形态特征	时间（山东省）
生长锥伸长期	生长锥伸长，高度大于宽度，略呈锥状，叶原基停止发生，开始分化穗部各器官	年后新叶开始生长，叶片转为青绿色，值返青期	冬性品种一般在2月中下旬进入此期，半冬性品种一般在越冬前进入此期

（续）

幼穗分化时期	幼穗形态特征	植株形态特征	时间（山东省）
单棱期（穗轴节片分化期）	生长锥进一步伸长，由基部向顶部分化出环状突起，即苞叶原基。由于它在形态上呈棱形，故称单棱期。苞叶原基是叶的变态，形态上与叶原基相似，但不继续发育成叶，不久便消失。两苞叶原基之间形成穗轴节片	春一叶伸长	冬性品种一般在2月下旬至3月上旬进入此期，半冬性品种一般在越冬前进入此期
二棱期（小穗原基分化期）	在生长锥中下部苞叶原基叶腋内出现小突起，即小穗原基。然后向上向下在苞叶原基叶腋内继续出现小穗原基。因小穗原基与苞叶原基相间呈二棱状，故称二棱期。此期持续时间较长，又分为三个时期。 二棱初期：生长锥中部最初出现小穗原基，二棱状尚不明显 二棱中期：小穗原基数目逐渐增多，体积增大，从幼穗正面看超过苞叶原基，从侧面看二棱状最为明显 二棱末期：苞叶原基退化，小穗原基进一步增大，同侧相邻小穗原基部分重叠，二棱状已不再明显，但两列十分清晰	春二叶伸长，春一叶与越冬交接叶的叶耳距达1.5 cm左右，正值小麦起身期	一般于3月中下旬进入该期
颖片原基形成期	在幼穗中部最先形成的小穗原基基部两侧，各分化出一裂片突起，即颖片原基，将来发育为颖片。位于两裂片中间的组织，以后分化成小穗轴和小花	春二叶展开，春三叶露尖	此期历时很短，约于3月下旬进入此期
小花原基分化期	当幼穗中部颖片原基突起后不久，在它的上方出现小花原基，小花原基先分化出小花的外稃原基，接着出现内稃原基。在同一小穗内，小花原基的分化呈向顶式；在整个幼穗上，则从中部小穗开始，然后往上、下各小穗。当穗分化进入小花原基分化期，生长锥顶部一组（一般为3~4个）苞叶原基和小穗原基转化形成顶端小穗，至此，穗分化的小穗数固定下来	春三叶伸长，植株基部节间开始明显伸长	约于4月初进入此期

（续）

幼穗分化时期	幼穗形态特征	植株形态特征	时间（山东省）
雌雄蕊原基分化期	小花原基在小穗上形成后由下而上逐个分化，当幼穗中部小穗出现 3～4 个小花原基时，其基部的小花原基生长点分化出 3 枚半球形的雄蕊原基突起，稍后在 3 个雄蕊原基间出现雌蕊原基，即进入雌雄蕊原基分化期	春四叶伸长，第一节间长 3～4 cm，第一节离地面 1.5～2 cm，正值拔节期	约于 4 月上中旬进入此期
药隔分化期	雄蕊原基的体积进一步增大，并沿中部自上而下出现微凹纵沟，形成 2 个小孢子囊，之后分化为 4 个小孢子囊。雌蕊原基顶端也凹陷，逐渐分化出 2 枚柱头原基，并继续生长成羽状柱头。有芒的品种芒沿外稃中脉伸长	春五叶伸长	约于 4 月中旬进入此期
四分体形成期	形成药隔的花药进一步分化，在花粉囊内进一步发育成花粉母细胞，经减数分裂和有丝分裂形成四分体。同时，雌蕊体积增大，柱头明显伸长，在胚囊内形成胚囊母细胞	旗叶展开，其叶耳与下一叶的叶耳距 3～5 cm	约于 4 月下旬进入此期

四、方法与步骤

1. 取样

取已培养发育至各分化时期的代表性小麦植株各 5～10 株。

2. 记载小麦植株的外部形态

测量株高，记录主茎叶片数、分蘖数、次生根条数，记载生育时期。

3. 观察

小麦主茎幼穗分化开始较早，分蘖较迟，一般以主茎为观察对象。把选取的植株去掉叶片、次生根，然后由外向内将叶片和叶鞘逐层剥去，当露出发黄的心叶时，用解剖针从纵卷叶片的叶缘交接处，顺时针或逆时针方向从基部把叶片去掉，直至露出透明发亮的生长锥。在解剖镜下观察幼穗正面、侧面、基部、中部和上部，以获得全面的内容。最后以幼穗中部的形态特征为准确定穗分化时期。

观察雌雄蕊分化时，应切下一个小穗观察。观察四分体时，要选微黄绿色的花药，用镊子将花药放在载玻片上，盖上盖玻片，轻轻压出四分体，用醋酸洋红染色后在显微镜下观察。

五、作业

1. 绘出本次观察的单棱期、二棱期、小花原基分化期、雌雄蕊原基分化期的形态图，标明各部位名称。

2. 根据观察，说明穗分化时期与植株外部形态、生育时期的对应关系。

3. 继续在大田中取样，每隔 3 d 观察 1 次，填入表 4-2，直至四分体形成期。

表 4-2　小麦幼穗分化过程观察记载表

品种或处理	日期（月/日）	株高（cm）	主茎叶片数	节间长度（cm）					幼穗长度（cm）	穗分化时期	生育时期
				1	2	3	4	5			

实验五　冬小麦冠层结构特征测定

一、实验目的

1. 了解小麦不同类型群体的冠层结构特征及其与群体内光照条件的关系。
2. 认识在小麦高产栽培中，合理控制群体、优化冠层结构的重要性。

二、材料与用具

不同密度的小麦田；卷尺、直尺、量角器；照度计、叶绿素仪。

三、内容说明

大田种植的小麦是一个群体，由许多个体组成。同一群体内的各个个体，既相互独立、又相互影响。由于许多个体聚集在一起，使群体内的条件，特别是光照条件发生很大变化，强烈影响着个体的生长发育，反过来又影响群体的发展和质量，最终制约产量的提升。

提升冠层光合效率是提高小麦产量的重要途径，而冠层光合效率则与冠层结构特征密切相关。小麦的冠层结构包括单位面积茎数、株高、叶位高、叶宽、叶长、叶长宽比、叶面积指数、叶倾角等多个指标及其随生育时期推进而发生的动态变化。冠层结构特征影响冠层内部光环境的时空异质性，进而造成冠层内部叶片生理特性的异质性，这两方面共同决定冠层光合效率。所以，合理控制群体，优化冠层结构，改善田间光照条件，提高群体光合性能，是小麦高产的关键之一。

此实验在挑旗后至灌浆期进行。

四、方法与步骤

1. 群体总茎数调查

按五点取样法，每个处理的田块选取代表性样点，依据行距和种植密度，选取样点面积 1~1.5 m²，计算行距（cm）[垄宽（cm）除以行数]和平均每行茎数，计算单位面积总茎数。

2. 株高、叶位高、叶宽、叶长、叶面积指数、叶倾角测定

每个样点随机选取 20~30 个单茎，田间自然状态下测定株高（地表到穗顶部的高度，不含芒长），然后按叶位分层测定各叶位层高（从地表到叶耳处

的距离）、各叶位叶倾角（叶片与茎秆夹角）、叶宽、叶长，计算叶长宽比、叶面积指数。

3. 田间光照强度测定

用照度计测定各叶位的光照强度（I_f）。首先测定植株上部 30 cm 处自然光照强度（I_o），然后自上而下将照度计放在每一叶位层高处，待数值稳定后计数。同一层次中，需水平移动，随机测定 10～15 个点，取平均即为每一叶位光照强度。计算相对光照强度（I_f/I_o）。

4. 各叶位叶绿素相对含量（SPAD）测定

用叶绿素仪测定各叶位 SPAD。测定时选取 20～30 个单茎，测定各叶位叶片中部的 SPAD。

将上述测定指标取平均值后填入表 5－1。

表 5－1　小麦冠层结构特征与光照条件记录表

处理	叶位	群体茎数（万/hm²）	叶长（cm）	叶宽（cm）	长宽比	叶面积指数	SPAD	层高（cm）	自然光照强度（I_f）	光照强度（I_o）	相对光照强度
1	旗叶										
	倒二叶										
	倒三叶										
	倒四叶										
	倒五叶										
2	旗叶										
	倒二叶										
	倒三叶										
	倒四叶										
	倒五叶										
3	旗叶										
	倒二叶										
	倒三叶										
	倒四叶										
	倒五叶										

五、作业

1. 分析不同种植密度条件下，孕穗—灌浆期小麦冠层结构特征与田间光照条件及产量的关系，认识在小麦高产栽培中合理控制群体、优化冠层结构的重要性。

2. 如何构建小麦合理群体、优化冠层结构，从而获得高产？

实验六　小麦田间测产和室内考种

一、实验目的

1. 了解小麦测产的一般方法，学会理论测产的方法。
2. 学会成熟期植株性状的考察方法。

二、材料与用具

不同品种或不同产量水平的麦田；卷尺、米尺、剪刀、电子天平、烘箱。

三、内容说明

1. 小麦测产

小麦测产的方法主要有理论测产和实收测产。

（1）理论测产　小麦单位面积产量由单位面积穗数、穗粒数和千粒重3个产量构成因素构成。理论测产可在乳熟期至成熟期进行。小麦灌浆后期，前两个因子已经固定，可测得穗数和每穗粒数，千粒重可根据当年小麦后期生长情况与气候条件等，参考该品种历年千粒重情况推断；也可在蜡熟末期粒重基本固定后，脱粒晒干称重测得千粒重。

（2）实收测产　实收测产在小麦成熟期进行。在大面积测产中，选择有代表性的田块，先测量该田块的面积，然后收获该田块的全部小麦后称重计产。

2. 小麦单株性状考察

小麦植株各部分的性状及所占比例，直接影响小麦单株生产力，进而影响群体生产力和产量。而植株各部位性状因品种、种植环境和栽培技术的不同而变化。调查单株性状是评定品种、分析环境和栽培技术合理性的重要方法。

（1）株高　从分蘖节至最高的穗（一般为主茎穗）穗顶（不带芒）的长度（cm）。

（2）节间长度　一般自上而下逐个测量主茎各节间的长度（cm），也可以根据实验的需要测定有关分蘖的各个节间的长度。

（3）茎粗　指茎秆地上部分第二节间的最大直径（mm）。

（4）穗长　自穗基部至穗顶（不包括芒）的长度（cm）。

（5）每穗总小穗数　每穗上所有的小穗数。

（6）每穗不孕小穗数　每穗上整个小穗各小花均不结实的小穗数目，一般在穗的顶部和基部。

（7）每穗结实小穗数　每个穗子上的结实小穗数，一个小穗内有 1 粒种子，即为结实小穗。一般用每穗总小穗数与不孕小穗数的差计算。

（8）每穗粒数　每个穗子上的结实粒数。

（9）穗粒重　将考种的麦穗混合脱粒，风干后称重，除以总麦穗数，即为穗粒重（g），也可用穗粒数乘以粒重计算。

（10）千粒重　从考种的籽粒样本中，随机数 3 组各 1 000 粒分别称重（g），取其平均值为该样本千粒重。重复间误差不超过 3%，否则重数。

（11）谷秆比　籽粒（干重）与茎秆（除去籽粒的全部地上部分）的重量之比。

（12）经济系数　籽粒重量占全部重量（不包括根）的百分数。

四、方法与步骤

1. 理论测产

（1）掌握整个大田生长情况　测产前应调查全田麦株稀密、高矮、麦穗大小、成熟度等情况。如果各地段麦株生长差异大，特别是在较大地块测产情况下，须根据调查结果将全田划分为不同的产量等级，然后从每个等级中选定具有代表性的样点进行测产，再乘以该等级田块的面积，就可以估算出该等级田块的小麦产量。所有等级麦田的小麦产量相加，即为全田的小麦产量。

（2）选点取样　样点应具有代表性并尽量均匀分布，其数目要根据田块大小、地形及生长整齐度来确定，取样点常用的方法有五点取样法、八点取样法和随机取样法等。四周样点要距地边 1 m 以上，个别样点如缺乏代表性应进行适当调整。样点面积一般以 2 m² 为宜。

（3）调查穗数、穗粒数和千粒重

① 穗数。数清每个样点内的有效穗数，计算出每公顷穗数。

② 穗粒数。在每个样点内随机数 20 个麦穗，测定每穗粒数，计算平均值。

③ 千粒重。若在成熟期测产，可将麦穗脱粒，数 1 000 粒，3 次重复，烘干至恒重，然后称重，再按标准含水量（13.0%）折算成千粒重，重复之间误差不超过 3%，求出平均千粒重。也可按该品种常年千粒重。

（4）理论产量计算

$$理论产量（kg/hm^2）=\frac{每公顷穗数×每穗粒数×千粒重（g）×0.85}{1\,000(g/kg)×1\,000(g/千粒)}$$

2. 实收测产

（1）测量面积　实收地块要集中连片，测量测产面积的宽度和长度，按垂直种植方向两边各外延半个行距，顺种植行向长度两端要离地头 1 m 以上，立标志，丈量地块四边，按长宽平均数计算面积。不去除田间灌溉沟面积，但去除灌溉主渠道、田间走道、机井房等建筑物等面积。

（2）机械选用　选用脱粒质量好、落粒少、精度高的联合收割机收获，收割前应对联合收割机检查清仓。联合收割机的机械设计指标要求落粒在 1% 以下，田间落粒不计入实收产量。

（3）计产

① 称重。小麦装袋后及时称重，注意去除袋子重量。

② 取样。随机取 40 kg 左右小麦装入袋中混匀。从混匀的袋中，依次取 5 kg 样本 5 份，去杂后称重，求杂质率（%）。

③ 测定水分。用谷物水分测定仪测定去杂后的样本籽粒含水率，每个样本测定水分一次，单独记录，共测 5 次，计算其平均水分含量。

（4）计算产量

实收产量（kg）=

$$\frac{公顷籽粒鲜重（kg/hm^2）\times[1-杂质含量（\%）]\times[1-样本含水率（\%）]}{(1-13\%)}$$

3. 单株性状调查

结合测产取样，每个样点选取有代表性的单茎 20 个，剪除根系，考查株高、节间长度和粗度、穗长、每穗总小穗数、每穗不孕小穗数、结实小穗数等单株性状。将植株分为籽粒和其他两部分，烘干至恒重，测定干物重，计算谷秆比和经济系数。将所调查的小麦单株性状填入表 6-1。

表 6-1　小麦成熟期单株性状调查表

品种（处理）	株号	株高（cm）	节间长度（由上至下）（cm）						节间粗度（mm）	穗长（cm）	每穗小穗数（穗）	每穗不孕小穗数	每穗结实小穗数	穗粒数	芒的有无	穗粒重（g）	千粒重（g）	谷秆比
			1	2	3	4	5	6										
	1																	
	2																	
	...																	

五、作业

1. 说明不同品种或不同产量水平麦田小麦成熟期植株性状的差异。

2. 根据测产和经济性状考查结果，说明不同品种或不同产量水平麦田产量构成因素的主要差异。要提高小麦产量，应采取哪些栽培管理措施？

实验七　麦类作物形态特征观察与类型识别

一、实验目的

1. 掌握四种麦类作物的形态结构特点。
2. 了解四种麦类作物的主要形态区别。

二、材料与用具

四种麦类作物的幼苗、穗和种子，放大镜、镊子、解剖针等。

三、内容说明

本实验观察的四种麦类作物分别为小麦（小麦属）、大麦（大麦属）、黑麦（黑麦属）和燕麦（燕麦属）。这四种麦类作物有许多共同的特征，但在生物学特性或植物学形态上也存在明显的差异，以此可以作为识别不同麦类作物的主要依据。

1. 幼苗的形态特征

麦类作物的幼苗，一般具有以下几个部分：初生根、次生根、胚芽鞘、地中茎、分蘖节、分蘖、分蘖鞘、叶片、叶鞘、叶舌、叶耳、叶枕等。其中初生根条数，胚芽鞘颜色，叶片颜色、大小，叶鞘，叶舌，叶耳的特征是区分四大麦类作物的主要依据。

（1）初生根　又叫种子根，种子萌发时首先由胚伸出。

（2）胚芽鞘　种子萌发时，胚芽鞘首先伸出地面，保护着胚芽出土时不受损伤，随后为胚芽所突破。

（3）叶舌　位于叶片和叶鞘交接处的内侧，与叶鞘呈平行状态。

（4）叶耳　在叶鞘与叶片连接处叶缘两侧的延伸物。

2. 花序

麦类作物的花序属于穗状花序、复穗状花序和圆锥花序 3 种，通称为穗。

（1）穗状花序　穗轴由穗轴节片彼此联结而成，如大麦和黑麦。

大麦每个穗轴节片上着生 3 个无柄小穗（也称三联小穗），根据小穗发育的程度和结实性，可分为 3 个亚种：二棱大麦（三联小穗仅中间小穗结实，侧小穗全部不结实，穗形扁平，籽粒大而整齐），中间型大麦（中间小穗正常结实，侧小穗部分结实），多棱大麦（3 个小穗均结实，按侧小穗节片的长短和小穗着生的紧密程度，又分为六棱大麦和四棱大麦）。

黑麦穗轴节片较多，一般 20～30 个，故整个穗较长。每个穗轴节片上着生 1 个小穗，每个小穗内有 2～3 朵小花，通常结实 2 粒，穗形扁平，每个小花的外颖有明显的呈锯齿状的颖脊，脊顶延伸成芒。

（2）复穗状花序 小麦穗为复穗状花序，由穗轴和小穗两部分组成。穗轴由节片构成，每个节片上着生 1 枚小穗。小穗互生，每个小穗由 1 个小穗轴、2 个颖片和若干小花构成。一般每个小穗有小花 3～9 朵，但通常仅有 2～3 朵小花结实。

（3）圆锥花序 穗轴上着生多级分枝，其分枝有对生、互生、轮生，小穗着生在第 2、3 级分枝上，如燕麦。

3. 种子

所有麦类作物的种子都是单粒的果实，其果皮与种皮愈合在一起，在植物学上称为颖果。这种颖果在部分麦类作物中还被内外稃包被，因此，有带壳种子与裸粒种子之分。

种子包括以下几部分或全部，覆盖器官：颖片、外稃和内稃；果实：果皮、种皮、胚乳、胚、腹沟、冠毛、绒毛等。

四种麦类作物的幼苗、穗、种子的形态特征分别见表 7-1～表 7-3。

表 7-1 4 种麦类幼苗的形态特征

项目	小麦	大麦	黑麦	燕麦
植株特征	紧凑	肥大	细高	松散
初生根数目	3～6	5～8	4	3
胚芽鞘颜色	淡绿、紫绿、无色	淡绿	紫、褐	暗褐
叶片大小及宽窄	中、窄	大、宽	小、窄	中、宽
叶片颜色	绿	黄绿	深绿	绿
叶鞘茸毛	有短茸毛	无茸毛	有长茸毛	无茸毛
叶舌特征	小圆形、有毛	较大、三角形	短、圆形、有缺刻	最长
叶耳特征	中等大、尖端有茸毛	宽大、无茸毛	细小、无茸毛	无叶耳

表 7 - 2　4 种麦类的穗部形态特征

项目	小麦	大麦	黑麦	燕麦
花序	复穗状花序	穗状花序	穗状花序	圆锥花序
每个穗轴节上的小穗数（个）	1	3	1	1
每个小穗中的小花数（朵）	3～9	1	2～3	2～5
护颖	宽大、多脉、有脊、顶端尖	窄、扁平无脊、顶端很尖	很窄、边缘有锯齿、有明显的脊	薄膜状、宽大多脉
小花的外颖	光滑无脊	宽、背圆、包住内颖	宽阔、有隆脊、布满纤毛	卵状披针形、光滑无脊
芒着生的位置	外颖顶端	外颖顶端	外颖顶端	外颖背部顶下方 1/3 处

表 7 - 3　4 种麦类种子的形态特征

项目	小麦	大麦	黑麦	燕麦
是否带壳	一般不带壳，少量带壳	带壳，或不带壳	不带壳	一般带壳，但内外颖与种子不粘连
种子顶端有无茸毛	有	无	有	有
籽粒表面	光滑	光滑或有皱纹	稍有皱纹	有细长毛
形状	椭圆或卵圆	长椭圆两头尖	狭长、胚端较尖	纺锤形
颜色	白、红	白、紫、棕	青灰、黄褐	白、黄、灰、褐

四、方法与步骤

1. 观察四种麦类作物的植株幼苗，观察测定初生根条数，胚芽鞘颜色，叶片大小、宽窄、颜色及叶舌、叶耳等的特征，比较其异同点。

2. 观察四种麦类作物的穗部特征，注意每个穗轴节上的小穗数、每个小穗上的小花数、护颖、小花的外颖、芒着生的位置等特征，比较它们的异同点。

3. 观察四种麦类作物的种子，注意是否带壳、种子顶端有无茸毛、籽粒形状、颜色、表面光滑度等特征，比较它们的异同点。

4. 根据表 7 - 3 鉴定摆放的种子为何种麦类作物。

五、作业

1. 列表区分四种麦类作物的植株、穗、种子的形态学差异。
2. 绘出四种麦类作物的穗、小穗的结构图，并说明其异同。

实验八　玉米播种技术

一、实验目的

掌握玉米播种时期；根据品种特性和田间条件确定适宜的播种密度和播种方式；比较不同播种方式间的差别。

二、材料与用具

1. 种子、玉米专用缓控释肥料、玉米专用种衣剂。
2. 卷尺、直尺、天平。
3. 符合当地农艺要求的玉米种肥同播精量播种机，能够调节播种量、播种深度、行距、株距、施肥量、施肥深度和肥料与种子间的距离，现在一般为深松全层施肥精播机。如河北农哈哈 2BMSQFY—4 玉米免耕深松全层施肥精播机、山东大华机械有限公司的玉米全层施肥高效精密（指夹式）播种机。

三、内容说明

1. 确定玉米播种期

适宜播种期的确定应该考虑 3 个方面：

一是种子萌发的最低温度。玉米发芽的最低温度为 6～7 ℃，10～12 ℃为幼芽缓慢生长的温度，一般以 5～10 cm 地温稳定在 10～12 ℃以上时播种。

二是播种时的土壤墒情。一般以土壤含水量达到田间土壤最大持水量的 60%～70%时为适宜播期，如土壤墒情不足可在播种后及时灌溉"蒙头水"。

三是保证能够在生长季节有充足的积温。满足玉米正常成熟的需要，在适期播种范围内，晚熟品种应尽早播种，夏玉米一般在 6 月 20 日前完成播种。

2. 播种方式

根据收获机械来配置播种方式。一般生产田采用等行距播种的方式，行距为 60～66 cm；高产田或高产攻关田可以采取大小行种植的方式，一般为 80 cm＋40 cm（平均行距为 60 cm）。根据种植密度和行距，计算株距。

3. 合理密植

玉米产量由单位面积穗数、穗粒数和千粒重三者构成，三者乘积就是单位面积产量。玉米群体内穗数与粒数、粒重紧密相关。随着种植密度的增加，群体和个体矛盾越发突出。确定合理密度应考虑以下因素。

（1）根据品种株型确定密度 紧凑型、半紧凑型密度为 6.75 万～7.5 万株/hm²；平展型玉米品种为 5.25 万～6.0 万株/hm²。同类型早熟品种密度增加 7 500 株/hm²。

（2）根据土壤肥力、质地确定密度 土壤肥力高的地宜密植，土壤肥力低宜稀植；土壤质地轻、通透性好的宜密植、透气性差的黏土地宜稀植。

（3）根据管理水平、水肥投入确定密度 管理水平高、水肥投入多的田块宜密植；反之，管理水平较低，水肥投入达不到的地宜稀植。

4. 播种量

采用气吸式精量播种机或者指夹式精量播种机，按照单位面积留苗密度和种子发芽率计算播种量。

$$播种量（kg/hm^2）= \frac{公顷留苗密度（株/hm^2）}{1\,000 \times 1\,000 \times 种子发芽率（\%）}$$

5. 株距配置

根据计划定苗密度确定行株距，计算公式如下。

$$等行距播种株距（cm）= \frac{10\,000（m^2）}{公顷留苗密度（株/hm^2）\times 行距（cm）}$$

$$宽窄行播种株距（cm）= \\ \frac{10\,000（m^2）}{公顷留苗密度（株/hm^2）\times [大行行距(cm)+小行行距（cm）] \times 2}$$

6. 种子处理

根据当地农艺要求选择经过国家及省级审定的耐密、抗倒、适应性强、熟期适宜、高产潜力大的夏玉米品种。选择纯度≥98%、发芽率≥95%、净度≥98%、含水量≤13%，活力强、大小均匀、适合单粒精量播种的优质玉米种子进行包衣，一般种子和种衣剂的比例为 50∶1。

7. 播种深度

玉米的适宜播种深度为 3～5 cm。土壤质地黏重、墒情好的可适当浅些；土壤质地疏松、易干燥的沙壤土地可以适当深些。

8. 种肥同播

种肥同播时选用玉米专用缓控释掺混肥，一般缓控尿素氮量应该占总氮量的 50%～70%，养分释放期为 90 d 左右，30%～50% 的氮为普通大颗粒尿素，氮素用量可以较普通肥料的施氮量降低 20%，磷肥和钾肥仍按常规用量施入。要求肥料颗粒均匀，无结块。

根据已确定的单位面积施肥量，准确调整排肥器在设定距离 1 m 内的肥料施入量，可以按照以下公式计算：

$$W_d = (W_{hm^2}/10\,000) \times H \times 100$$

式中：W_d——单个排肥器在设定 1 m 距离中的肥料施入量，单位为 g；W_{hm^2}——已确定的每公顷的施肥量，单位为 kg；H——种子与肥料行比为 1∶1 时肥料施入的行距，单位为 m。排肥器排肥应均匀、稳定、无漏施，施肥断条率≤5%。

9. 播种质量要求

玉米种肥同播为种床侧位深施。玉米播种深度 3～5 cm，种子与肥料行比为 1∶1，种肥水平距离 10～15 cm，施肥深度≥15 cm。按照精准播种技术要求，达到行距一致、接行准确、下粒准确均匀、深浅一致、覆土良好、一播全苗。

四、方法与步骤

1. 小麦采用带秸秆切碎和抛撒装置的联合收割机收获，秸秆留茬高度＜20 cm，切碎长度＜10 cm，切碎长度合格率≥95%，抛撒均匀率≥80%，漏切率＜1.5%。

2. 种子包衣处理。

3. 确定种植密度、播种方式及行株距。

4. 按照计算的行距及株距调整种肥同播机械的行距和株距。

5. 试播

将播种机与拖拉机挂接，不得倾斜，工作时应使机架前后呈水平状态。播种量的调整，每个排种器的排种量应基本一致，播量应符合当地农艺规定的种植要求，如不符合，可以通过播种机上设置的排种量调节柄进行整体调节，并重复上述操作直至符合要求为止，当各行排量相差较大时，可通过调整外槽轮排种器下位卡箍的位置，使排种轮工作长度近于一致，而达到各行排种量基本一致。

在正式作业前，按使用说明书的规定和农艺要求，将播种量、开沟器的行距、开沟覆土镇压轮的深浅调整适当。注意加好种子。加入种子箱的种子，达到无小、秕、杂种子，以保证种子的有效性。种子箱的加种量至少要加至盖住排种盒入口，以保证排种流畅。为保证播种质量，在进行大面积播种前一定要坚持试播 20 m，观察播种机的工作情况，确认符合当地的农艺要求后，发现问题及时调整，直至满足要求，再进行大面积播种。

6. 播种

播种机作业时，首先横播地头，以免将地头轧硬。机手选择作业行走的路线，应保证加种和机械进出的方便。播种时要注意匀速直线前行，不能忽快忽慢或中途停车，以免重播、漏播。为防止开沟器堵塞，播种机的升降要在行进中操作；播种机未提起，严禁倒退和转弯，否则开沟器易堵塞损坏并造成缺苗断垄。在地头及转弯处若有覆土不严的情况，需要人工盖土，防止不出苗。

7. 质量检查

随机选定 5 个测定点，扒去表土直到见到种子和肥料为止，测量施肥深度，播种深度及种、肥相对位置。

播种后 7 d 调查田间出苗率。

五、作业

1. 玉米种肥同播有哪些注意事项？
2. 玉米精量播种对种子有哪些要求？

实验九　玉米穗分化过程观察

一、实验目的

1. 学习玉米穗分化的研究方法。

2. 掌握玉米雌雄穗分化过程及各时期的形态特征，了解玉米穗分化时期与根、茎、叶生长的对应关系。

3. 通过观察玉米雌雄穗分化过程，加深对玉米产量形成的认识。

二、材料与用具

分期播种的玉米植株材料；雌雄花序和小穗小花构造挂图、显微镜、解剖镜、放大镜、载玻片、盖玻片、瓷盘、解剖器、单面刀片、吸水纸、培养皿；醋酸洋红。

三、内容说明

对玉米穗分化的研究，是农业生产中田间生物学鉴定的重要内容之一。其目的在于根据穗的形态发育，及其与根、茎、叶的对应关系，进一步制订提高玉米产量的措施，达到穗大、粒多的目的，以实现高产。

四、方法与步骤

1. 观察时间

玉米穗分化观察，因不同类型品种（早熟、中熟、晚熟）、不同播期（春播、夏播），开始日期不一致。一般可从 4 片可见叶开始观察，至抽雄期和吐丝期结束。每隔 2～3 d 取样观察 1 次。为同时观察各期穗分化，一般采取提前分期播种的方式来获得不同穗分化时期的植株材料。

2. 取样方法

玉米是天然异花授粉作物，植株间差异较大，因此，观察前要对植株进行叶位标记，一般在第 5 叶和第 10 叶出现后，用红漆做出标记，以便正确判断叶片数目。选标记后的代表植株 3～5 株作观察样品即可。如预先未标记叶片而需取样观察时，可根据节根层次法、数单侧叶脉数法、数光毛叶法鉴定叶位。

3. 观察方法

（1）植株外部形态的观察　自然株高、可见叶数、展开叶数、节根层数、茎高、伸长节数等。

① 自然株高。指植株在田间生长状态的高度。抽雄前，从地面量至叶片自然伸展时的最高处；抽雄后，从地面量至雄穗顶端。

② 可见叶。心叶露出叶心 2 cm 时为可见叶。可见叶包括展开叶和未展开叶。

③ 展开叶。叶片与叶环（叶片与叶鞘交界处）露出下一片叶的叶鞘 2 cm 以上，整个叶片充分展开时，为展开叶。

（2）穗分化观察　玉米是雌雄异花授粉作物，雄穗位于茎的顶端，为心叶所包藏。雌穗位于叶腋之中，全株除上部 4～6 节外，每节均生一腋芽。通常地下节的腋芽不发育或形成分蘖，近地表节上腋芽形成混合花序，茎秆中部的腋芽多分化至雌穗小穗分化期前后停止发育，再往上部的腋芽，虽可继续分化，但多不能授粉结实，一般只有最上部 1～2 个腋芽发育成果穗。故在观察时，雌穗以最上部节位腋芽分化为准。

在观察记载外部形态后，逐节剥去叶片和叶鞘，顶端为雄穗，在各茎节上有苞叶包被的腋芽，用刀片贴茎部把腋芽取下，剥去苞叶，即可观察。对一个观察穗来说，以穗的中下部开始进入某一穗分化时期为准；当雄穗进入四分体期以后，又以主轴中上部进入某个分化时期为标准。

在玉米穗分化的分期上，国内外学者多有不一。一般分为生长锥未伸长期、生长锥伸长期、小穗分化期、小花分化期和性器官发育形成期 5 个主要时期。穗分化各期分述见图 9-1、图 9-2、表 9-1。

五、作业

1. 记录所观察玉米植株的形态特征和玉米雌雄穗分化所处时期，并各绘制 2～3 个所观察到的玉米穗分化的图。

2. 玉米幼穗不同分化时期雌穗、雄穗有哪些差异？

3. 玉米穗分化过程中在水肥管理上应采取哪些措施，以保证穗大、粒多，并获得高产？

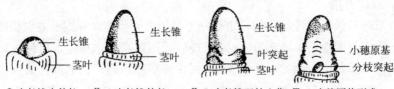

Ⅰ 生长锥未伸长　　Ⅱ-1 生长锥伸长　　Ⅱ-2 生长锥开始分节　Ⅲ-1 小穗原基形成

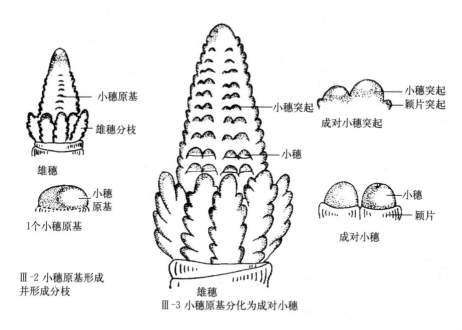

Ⅲ-2 小穗原基形成
并形成分枝

Ⅲ-3 小穗原基分化为成对小穗

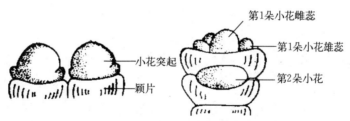

Ⅳ-1 小穗中的小花开始分化

Ⅳ-2 在1个小穗中形成2朵小花，
第1朵小花开始形成雌雄蕊突起

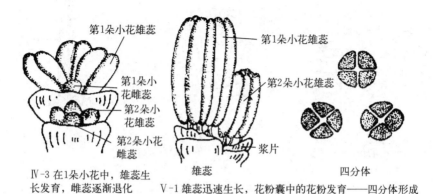

Ⅳ-3 在1朵小花中，雄蕊生
长发育，雌蕊逐渐退化

Ⅴ-1 雄蕊迅速生长，花粉囊中的花粉发育——四分体形成

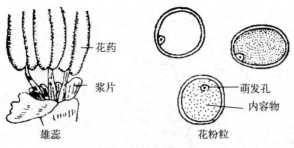

V-2 花粉粒形成及内容物充实

图 9-1　玉米雄穗分化的主要时期

（引自于振文主编《作物栽培学各论　北方本》，2003）

   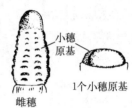

Ⅰ 生长锥未伸长　　Ⅱ-1 生长锥伸长　　Ⅱ-2 生长锥开始分节　　Ⅲ-1 生长锥原基形成

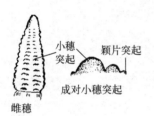 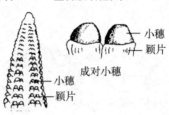 

Ⅲ-2 小穗原基分化为成
对的小穗突起(A、B)　　Ⅲ-3 小穗原基分化为成
对小穗和颖片(A、B)　　Ⅳ-1 小穗中的小花开始分化

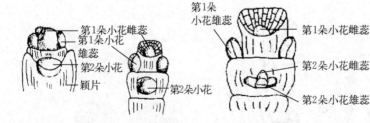 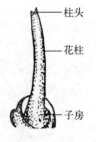

Ⅳ-2 在1个小穗中形成2
朵小花，第1朵小花开始
形成雌雄蕊突起　　Ⅳ-3(1) 第1朵小花
中的雌蕊开始生长　　Ⅳ-3(2) 第1朵雌蕊柱头开
始伸长，雄蕊发育落后；
第2朵小花停止发育　　Ⅴ 性器官形成期

图 9-2　玉米雌穗分化的主要时期

（引自于振文主编《作物栽培学各论　北方本》，2003）

表 9 - 1　玉米雌雄穗分化时期及其特征

雄穗分化时期及其特征		雌穗分化时期及其特征		植株外部形态及其叶龄指数
时期	形态特征	时期	形态特征	
生长锥未伸长期	生长锥为光滑透明的圆锥体，宽度大于长度。基部有叶原始体。此期分化茎的节、节间和叶原始体			植株尚未拔节，叶龄指数在 25 以下
生长锥伸长期	生长锥微微伸长，长大于宽。生长锥基部出现叶突起			茎基部开始拔节，茎节间总长为 2~3 cm，叶龄指数约 30
小穗分化期	生长锥基部出现分枝突起，中部出现小穗原基，每一个小穗原基又迅速分裂为成对的 2 个小穗突起。小穗基部可看到颖片突起	生长锥未伸长期	生长锥为光滑透明的圆锥体，宽度大于长度。此期分化苞叶原始体和果穗柄	茎节伸长，叶龄指数约 42
小花分化期	第一小穗分化出 2 个大小不等的小花原基。小花原基基部出现 3 个雄蕊原始体，中央形成 1 个雌蕊原始体，同时也形成内外稃和 2 个浆片。之后雌蕊原始体退化消失	生长锥伸长期	生长锥伸长，长大于宽。基部出现分节和叶突起，叶腋处将来产生小穗原基，叶突起退化消失	展开叶 7~10 片，叶龄指数约 46
		小穗分化期	生长锥基部出现小穗原基。每个小穗原基又迅速分裂为两个小穗突起。小穗基部可看到颖片突起	叶龄指数约 55
性器官形成期	雄蕊原始体迅速生长。雄穗主轴中上部小穗颖片长度达到 0.8 cm 左右，花粉母细胞进入四分体期。雌蕊原始体退化	小花分化期	每一个小穗又分化出两个大小不等的小花原基。基部出现 3 个雄蕊原基和 1 个雌蕊原基。雄蕊原基之后退化消失。下位花也退化	植株心叶丛生，上平中空，正值大喇叭口期。叶龄指数约 60
抽雄期	雄穗露出	性器官形成期	雌蕊的花丝逐渐伸长，顶端出现分裂，花丝上出现绒毛，子房体积增大	正值孕穗期，叶龄指数约 77
				抽雄，叶龄指数约 88

实验十　玉米穗期田间诊断

一、实验目的

1. 了解玉米穗期的长势长相，掌握主要生育时期的记载标准、田间诊断方法及其与营养器官生长的相互关系。

2. 根据调查结果提出相应的田间管理措施。

二、材料与用具

处于穗期阶段的不同类型玉米田块；皮尺、卷尺、镊子、刀片、显微镜、放大镜。

三、内容说明

玉米从拔节期至抽雄期这段时间称为穗期，也叫拔节孕穗期。一般夏播玉米 28 d 左右，春播玉米 30～35 d。玉米穗期的生长发育特点是茎节伸长、叶片增大、营养生长旺盛，同时进行雌雄穗分化、性器官形成，是营养生长与生殖生长并进阶段，是决定穗数、潜在穗粒数的关键时期，也是田间管理促进穗大的重要节点。

在玉米穗期中，拔节期、大喇叭口期的长势与生产关系尤为密切，田间诊断可根据实际情况选择一个时期（最好是大喇叭口期）进行，也可进行 2 次（拔节期和大喇叭口期），为合理运用肥水提供依据，以达到穗多、穗大的目的。

四、方法与步骤

1. 田间诊断标准

（1）拔节期　叶龄指数 30 左右，雄穗生长锥开始伸长，靠近地面处用手可摸到茎节，茎节总长度（自第 1 层节根至茎顶生长锥基部）为 2～3 cm，此期施用适当的肥水具有促叶壮秆的作用。

（2）小喇叭口期　叶龄指数 46 左右，雌穗生长锥开始伸长，雄穗小花开始分化，是争取大穗的时期，也是施攻穗肥的始期。

（3）大喇叭口期　叶龄指数 60 左右。棒三叶开始甩出而未展开，心叶丛生，上平中空，状如喇叭，雌穗进入小花分化期；最上部展开叶与未展开叶之间，在叶鞘部位能摸出发软而有弹性的雄穗，雄穗主轴中上部的小穗长0.8 cm 左右，花粉囊中的花粉母细胞进入四分体期，是施攻穗肥的关键时期。

2. 田间诊断方法

（1）按选定地块，由教师带领，进行现场观察。全面了解各地块的长势长相和出现的各种情况，做到心中有数。

（2）取有代表性的植株样本，进行室内调查，调查内容见表 10-1。

表 10-1 玉米穗期田间诊断调查表

班级：_____ 调查人：_____ 年　月　日

田间基本情况调查	生产单位			
	田块类别		面积	
	品种		播期	
	前茬		密度	
	苗期管理		目前生长状况 及存在问题	
室内调查	株高		总叶片数	
	茎粗		叶龄指数	
	茎高		单株叶面积	
	节根层数		叶面积系数	
	节根条数		雄穗分化时期	
	可见叶数		雌穗分化时期	
	展开叶数		生育时期判别	
情况分析及下一步管理意见				

五、作业

1. 按表 10-1 项目要求填写调查内容。

2. 比较分析调查材料的结果，制订下一步田间管理的主要措施。

附录：调查标准

（1）株高　抽雄前，自地面量至最高叶尖的高度（cm）。抽雄后，自地面量至雄穗顶端的高度（cm）。如抽雄前在田间测定自然株高时，则自地面量至植株自然高度的最高处（cm）。

（2）茎高　自第一层节根量至茎顶生长锥基部以下的茎秆高度（cm）。

（3）节根层数　自茎秆基部第一层节根至最上面一层节根的总层数。

（4）节根条数　全部节根总条数。

（5）可见叶数　叶尖露出叶心达 2 cm 以上的叶片总数。

（6）展开叶数　充分展开的叶片数（整数）加上展开叶上面第一个未展开叶的展开部分（小数）。

（7）总叶片数　主茎叶片的总数（包括未抽出的叶片数，可剥开植株计算）。

（8）叶龄指数　叶龄指数 ＝（展开叶片数/总叶片数）×100。

（9）单株绿叶面积和叶面积系数　单株绿叶面积可以采用便携式叶面积仪测定，也可以采用计算单个绿叶面积之和所得。

叶面积系数＝每公顷绿叶面积（m^2）/1 000（m^2）

（10）穗分化进程　参照实验九。

实验十一　玉米田间测产方法与室内考种

一、实验目的

1. 学会并掌握玉米成熟期进行田间调查、测产和室内考种的方法。
2. 了解禾谷类作物的估产原理。

二、材料与用具

不同产量水平下的大田玉米植株，或不同栽培措施处理下的玉米植株；卷尺、卡尺、1/10 g 天平、瓷盘、剪刀、木制（塑料）标签等。

三、内容说明

1. 禾谷类作物的测产原理

禾谷类作物单位面积产量取决于单位面积的株数、每株穗数、每穗粒数和千粒重，是测产的根本依据。测产又称估产，分预测法（目测和抽样测）和实测法（测样点上的实际产量）两种。前一种简便、迅速、误差大，特别是目测误差大；后一种结果准确，但费工、不及时。

玉米估产可在乳熟末期初测，在蜡熟末期（抽雄开花后 36～49 d）复测，实测在成熟期进行。成熟期的标准为：基部叶片枯黄，苞叶变白，疏松，籽粒变硬，呈现出品种固有的色泽，籽粒剥去后尖冠出现黑色层。

2. 记载项目标准与方法

从大田选取的具有代表性的样点内，连续选取 10～20 株植株，进行以下性状的考察。

（1）公顷穗数　公顷穗数＝1 hm^2/（行距×株距）。

（2）双穗率（％）　单株双穗（指结实 10 粒以上的果穗）植株占全样品植株的百分数。

（3）空株率（％）　不结实果穗或有穗结实不足 10 粒的植株占全样品植株的百分数。

（4）单株绿叶面积（cm^2）　当时单株绿叶面积［单叶中脉长（cm）×最大宽度（cm）×0.75］的总和。

（5）株高　自地面至雄穗顶端的高度（cm），一般取 20 株平均值。

（6）穗位高度　自地面至最上果穗着生节的高度（cm）。

（7）茎粗　植株地上部分第3节间中部扁平面的粗度（cm）。

（8）果穗粗度　距果穗基部1/3处的直径（cm）。

（9）秃顶度（%）　秃顶长度占果穗长度的百分数。

（10）粒行数　果穗中部籽粒的行数。

（11）穗粒数　1穗籽粒的总数。

（12）果穗重（g）　风干果穗的重量。

（13）穗粒重（g）　果穗上全部籽粒风干重。

（14）籽粒产出率　籽粒产出率（%）＝（穗粒重/果穗重）×100。

（15）千粒重（g）　自脱粒风干的种子中随机取出1 000粒称重，要精确到0.1 g，重复3次。

四、方法与步骤

1. 田间估产

（1）选点取样　玉米田间选点和取样的代表性与测产结果的准确性密切相关。测产前应对不同栽培条件下的玉米田块进行目测，按照高、中、低产量水平分类布点。一般每公顷设测产点150个，高、中、低测产点的比例为3：5：2。每个测产点面积为66.67 m²。

为了取得最大代表性的样本，要在全田均衡布点，每一地块按对角线选取5个点，其中一个在地的中央，其余各点均匀地分布在对角线上，然后从各点选取种植密度和生育状况一致的、有代表性的植株，注意四周不应有缺株或特别矮小的植株。每个样点选取代表性植株30～50株。

（2）每点选取50株或100株，调查空株率、折断株率、双穗株率、单株果穗和黑粉病株率等。

（3）测定公顷株数　测行株距，根据行距、株距，求每公顷株数。每块田测20～30行的行距，为方便计算，一般量21行的距离，求出平均行距；间隔选出4～5行，每行测定40～60株的株距，一般量51株的距离，求出平均株距，根据行距和株距求出每公顷株数。

$$公顷实际株数（株/hm^2）＝\frac{1\,000\ m^2}{平均行距（m）×平均株距（m）}$$

（4）连续选10～20株，调查株高、茎粗及果穗着生节位（自下而上数）和高度。

（5）测定结实率和每穗粒重　在测定株距的地段上，计算株距的同时还要计算总穗数，得出单株结穗率（穗数/株数）。从样点内连续选取10～20个果穗，并在选定样本的植株上，剥去苞叶，调查穗长、秃顶长度、数穗行数和行粒数，计算每穗粒数，然后根据该品种常年的千粒重，计算每穗粒重。初测可在田间植株上进行测定，实测时还需把果穗晒干、脱粒，称其果穗重、籽粒重及千粒重，并求出果实籽粒产出率等。

$$每穗粒重（g）＝穗行数×行粒数×千粒重（g/1000粒）$$

$$出籽率（\%）＝（每穗粒重/果穗重）×100$$

（6）根据以上调查结果，可计算出产量。

$$产量（kg/hm^2）＝公顷穗数×穗粒数×千粒重$$

$$\frac{10000（m^2）×（1-空秆率\%）×（1+双穗率\%）×穗粒数×千粒重（g）×0.85}{行距（cm）×株距（cm）×1000×1000}$$

式中：0.85——折实系数。

2. 实收测产

（1）取样方法　根据地块自然分布将示范点划分为 10 片左右，每片随机取 3 个地块，每个地块在远离边际的位置取有代表性的样点 6 行，面积≥67 m^2。

（2）田间实收　每个样点收获全部果穗，计数果穗数，并准确丈量收获样点实际面积 S（m^2）。称取全部收获鲜果穗重 Y_1（kg），计算单位面积鲜果穗重量：

$$每公顷鲜果穗重量\ Y（kg/hm^2）＝\frac{Y_1×10000}{S}$$

按平均穗重法取 20 个果穗作为标准样本，称取标准样本重量 X_1，将其脱粒后称取样品鲜籽粒重量 X_2，计算出鲜穗出籽率。

$$鲜穗出籽率\ L（\%）＝\frac{X_2×100}{X_1}$$

籽粒含水量 M（%）用国家认定并经校正后的种子水分测定仪测定籽粒含水量，每点重复测定 10 次，求其平均值（M）。样品留存，备查或等风干后再校正。

按照玉米籽粒标准含水量 14% 计算出实测产量。

$$实测产量（kg/hm^2）\frac{鲜果穗重（kg/hm^2）×出籽率（\%）×[1-籽粒含水量（\%）]}{1-14\%}$$

五、作业

1. 按表 11-1、表 11-2 要求项目填写考查内容。

2. 根据所测数据资料，比较不同密度玉米群体的产量差异，并分析差异的原因。

表 11-1 玉米田间测产统计表

处理及单位：　　　　品种：　　　　日期：　　　　调查人：

样点	行距 (m)	株距 (m)	公顷株数	空秆率 (%)	双穗率 (%)	公顷穗数	千粒重 (g)	产量 (kg/hm²)
合计								
平均								

表 11-2 玉米单株经济性状考种表

处理及单位：　　　　品种：　　　　日期：　　　　调查人：

株号	株高 (cm)	穗位高 (cm)	穗数 (个)	穗长 (cm)	秃顶长 (cm)	穗粒行数	穗行粒数	果穗重 (g)	果穗籽粒重 (g)	籽粒出产率 (%)
1										
2										
3										
4										
5										
6										
7										
8										
9										
10										
平均										

实验十二 棉花播种技术

一、实验目的

了解生产上棉花种子处理的意义，掌握棉花播前种子处理方法及播种技术。

二、材料与用具

棉种、浓硫酸、草木灰、塑料盆、塑料筐、玻璃烧杯、量筒、天平（1/100 g）、电炉、水桶、玻璃棒等。

三、内容说明

1. 种子处理

为保证棉花一播全苗，种子准备是关键性技术措施之一，而播前种子准备有多个环节，各有不同的作用。生产上应注意的主要有以下几个环节。

（1）种子精选　棉籽从萌发到出苗所需养分全部由棉籽本身储藏的营养物质供应，充实饱满的种子是全苗、壮苗的先决条件。进行人工粒选，剔除破籽、虫籽、瘪籽、病籽等，也可先进行温汤浸种，经浸种后将呈红色未成熟种子剔除则效果更好，硫酸脱绒后的种子在用水漂洗时，成熟饱满种子沉底，未熟不饱满种子多漂浮于水面，可将漂浮种子捞出，只选留沉底种子作种。此法剔除的种子量过大，种子不足时可只簸除白籽，红籽保留。

（2）晒种　可促进种子后熟，特别是对成熟度较差的棉效果更好，能增强棉籽吸水和气体交换的能力，提高种子发芽率和发芽势，出苗快而整齐，并有减轻苗病的作用。一般在早春或播前半月进行。抢晴晒 4～5 d，每天晒 5～6 h，晒到咬棉籽时有响声为准。晒时在地上或席上摊成一薄层，要摊得薄、翻得勤，使受热均匀。忌在水泥地、石板地上晒种，以免温度过高而产生硬籽。

（3）种子处理　目的在于消毒杀菌，减轻苗期病害；加快棉籽吸水，促进发芽，出苗快而整齐。

2. 播种要求

棉花一播全苗是合理密植的基础，是早熟、丰产栽培的关键环节。棉花种子发芽出苗具以下特点："头大脖子软"，子叶顶土能力差；要求较高的温度；对水分、氧气要求严格。

四、方法与步骤

1. 种子处理

（1）硫酸脱绒　种子所带病菌，有很多是在短绒上，短绒本身亦有较高的经济价值。所以，脱去短绒既有利于机械精量播种，而且吸水快、出苗早。脱去短绒可用剥绒机或锯齿式轧花机进行。但机械脱绒常不能完全脱尽或容易使棉籽破伤，在生产上作种用的棉籽多用硫酸脱绒，但最好是经过一、二道机械剥绒后，再进行硫酸脱绒，如此不仅能得到短绒，并可节约大量硫酸和劳动力。

小型的硫酸脱绒方法是先将棉籽放入缸内（或塑料盆内），烘到 20～30 ℃（如不以防治枯萎病、黄萎病为主，则可不烘），然后按每 5 kg 棉籽加入经加温至 110～120 ℃的粗硫酸（相对密度 1.80 左右）500 mL，边倒边搅至短绒全部被硫酸溶解，种壳外表呈乌黑油光发亮时为止。随即用清水反复冲洗至水色不发黄、种子不带酸味为止，随后晒干储藏或进行药剂拌种。一般优质棉基地县都配备机械硫酸脱绒设备，为大批脱绒提供了便利条件。

（2）温汤浸种　温汤浸种的主要作用是用较高的温度，杀死种子内外的病菌，促进种子吸水，使出苗快而整齐。但浸种时间不宜过长，棉籽吸水量以风干重的 60％左右为好。过高的含水量反而对发芽和出苗有抑制作用。

具体方法：将棉籽在 55～60 ℃温水中，保温浸泡 0.5 h，然后加凉水至不烫手（30 ℃左右），继续浸泡至种皮发软，子叶分层（水温 15～16 ℃时约需 20 h，水温 25～30 ℃时约需 6 h）后即捞出种子淋去水分，即可拌药灰播种或再堆在温暖处进一步催芽。实际操作时，一般可按"三开一凉"比例兑好温水（70 ℃左右），然后按 1 kg 种子 2.5 kg 温水的比例，将种子倒入，迅速搅拌，水温即稳定在 55～60 ℃，保温浸种 0.5 h，再加凉水至不烫手时继续浸种。成熟度差和硫酸脱绒的种子抗热力差，浸种水温要适当降低。

部分地区有开水烫种的习惯，将种子倒入刚烧开的水中，迅速搅拌，经 1～2 min，立即添加凉水至 60 ℃以下，自然冷却，继续浸种。

生产实践证明温汤浸种后再经 1 d 的摊晾，对促进种子萌发和出苗的效果更加显著。

（3）闷种催芽　通常应用于药剂闷种，既可使种子吸水，促进种子萌发，又可起到防治病、虫的作用。

经药剂拌种的种子，按每 50 kg 棉籽加水 50～60 kg 的比例，分 3～4 次加入。第 1 次用 40～50 ℃温水，以便棉种吸水，以后几次用 30～40 ℃的温水，每次加水力求喷洒搅拌均匀，然后堆闷，堆内温度保持 25～30 ℃，不超过 30 ℃，一般经 36 h 可使种皮软化，子叶分层。

经闷种或温汤浸种后的种子，晾去余水后在温暖处堆闷保温保湿。经12~24 h即可萌芽（露白）。

（4）药剂拌种　药剂拌种对减轻病害，棉苗正常生长是十分有效的。可根据不同目的分别应用，新药剂有拌种灵、三氯二硝基苯和甲（乙）基托布津等，用量大体都是每100 kg棉种拌药0.5 kg。

（5）种衣剂处理　棉籽种衣剂是利用黏合剂和多种助剂将长效杀虫剂与杀菌剂复配加工成的一种糊剂，用拌种机或手工将糊剂均匀地包于脱绒的棉籽上，并迅速固化形成种衣，种衣在水中只能溶胀而不被溶解，从而保证种子正常发芽和药剂缓释延长持效期。

2. 播种技术

（1）整地保墒　要求土壤上暄下实，无暗坎垃，底墒足、口墒好，表层干土不过指。对墒情差的棉田应在播前10 d灌溉造墒，无造墒条件的应采取旱播种。

（2）种子质量　选用优良品种，在选种的基础上再粒选，播前晒种和种子处理等。

（3）适时播种　要提高播种质量，温度是决定棉花播种期的重要条件。播种过早，由于温度低，出苗时间延长，消耗养分多，棉苗生活力弱，易染病和发生死苗，造成"早而不全"。反之，如播种过迟，虽然温度高而出苗快，但又"全而不早"，不能充分利用生长季节。在生产上一般以5 cm地温稳定在14 ℃时为播种适期，同时要抓住"冷尾暖头"抢时播种。地膜覆盖棉田可在当地直播适期提前3~5 d，不必过早。在山东地区，适宜播期为4月中旬，麦套春棉一般在4月底以前播种，麦套夏棉应在5月15~25日播种，不得晚于25日。

提高播种质量。要求播深适宜，深浅一致，播籽均匀，无漏播、重播现象，使每粒棉籽所处的环境条件基本一致，尽量减少个体间的温、水、气的差别，以求出苗整齐一致。适宜播种深度3~5 cm，应注意"旱防深，湿防浅"。

（4）播后出苗前的管理　以提高地温，协调水、气的矛盾为主，播后遇雨应浅锄以破除板结。切忌播后浇水，以免降低地温，增加烂种。对于覆土质量差，造成落干的田块应隔行开小沟补浇。

五、作业

1. 每2人为1个小组，取棉籽1 kg，进行硫酸脱绒。以小组为单位进行温汤浸种。简述硫酸脱绒及温汤浸种的过程，并说明具体操作时应注意的问题。

2. 将硫酸脱绒、温汤浸种、药剂拌种的种子，以未经任何处理的干种子为对照分别在田间播种。播后观察记载内容参照表 12-1。根据表 12-1 中所列内容调查记载，讨论不同处理方法对苗期长势的影响。简述为保证棉花一播全苗，从栽培上应着重解决哪几个方面的问题？为什么？分析播种过程中存在的问题，并提出补救措施。

表 12-1　不同种子处理对出苗及苗期长势的影响

处理	播种期（日/月）	10%出苗期（日/月）	50%出苗期（日/月）	70%出苗期（日/月）	出苗率（%）	1真叶期（日/月）	2真叶期（日/月）	病株率（%）	备注

　　说明：① 播种时每处理定 3 个点，每 1m 播种子 100 粒，供苗情调查利用。② 间苗时调查病株率：

病株率（%）＝$\dfrac{发病株数}{样本数}$×100。

实验十三 棉花形态观察

一、实验目的

认识棉花各器官的形态特征，掌握果枝与叶枝的区别。

二、材料与用具

选取不去叶枝的花铃期棉株。用镊子、放大镜等观察。

三、内容说明

棉花属于锦葵科（Malvaceae）棉属（*Gossypium*），是一年生或多年生的灌木（或小乔木）。目前大部分栽培种都是一年生的，其基本特征是主茎圆，分枝有营养枝和果枝2种，花大而明显，雄蕊多数，花丝下部联合成管状，柱头裂片数与子房室数相等，果实为背面开裂的蒴果。

1. 根

（1）棉花的根属直根系，有粗壮的主根，由胚根前端的顶端分生组织发育而成。通常主根上着生4行侧根，侧根上又长出支根，支根上再生出许多毛根，幼嫩毛根前部表皮上生长许多根毛，从而形成庞大的根系网。

（2）棉花属深根植物，主根长达 1.5～2 m，偶尔也长达 5 m 以上，根系主要分布在地面以下 10～40 cm 的土层内。地膜覆盖的棉株，耕层内的根系比重加大，深层根系减小。育苗移栽的棉株，主根常折断，侧根粗壮。

2. 主茎与分枝

（1）主茎 棉花主茎是由顶芽分化经单轴生长而成。顶芽分生组织不断分化成叶和腋芽，形成着生叶的节，以及节与节之间的节间。节间依次伸长，使主茎增高。幼嫩的主茎横断面略呈五边形，成熟的老茎变为圆柱形。主茎颜色随发育发生变化，嫩茎呈绿色，经长期阳光照射后变成紫红，所以生长的棉株茎色多表现下红上绿。棉茎皮层中分布有多酚色素腺，俗称油腺。同时，茎枝表皮上还被由单细胞的表皮毛和多细胞的腺毛组成的茸毛。棉花的株高、茎粗、茎色是看苗诊断的重要指标，除受遗传特性影响外，还受生态条件和栽培条件的影响。

（2）分枝 主茎生长发育的同时在节上不断分化侧生器官——叶和腋芽，腋芽再发育成叶枝或果枝。

叶枝又称营养枝，其上不直接着生花蕾，形态与主茎相似，果枝则直接着生花蕾。关于叶枝和果枝的形态与区别见图 13-1 及表 13-1。

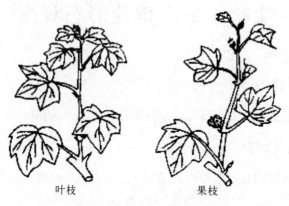

叶枝　　　　　　　　　　　果枝

图 13-1　棉花叶枝和果枝比较

（引自李文炳《山东棉花》，2001）

表 13-1　棉花叶枝与果枝的区别

项目	叶　枝	果　枝
分枝类型	单轴枝	合轴枝
枝条长相	斜直向上生长	近水平方向曲折向外生长
枝条横断面	略呈五边形	近似三角形
发生节位	主茎下部	主茎中、上部
顶端生长锥分化	只分化叶和腋芽	分化出 2 片叶后，即发育成花芽
先出叶与真叶的分布	第 1 叶为先出叶，以后各叶均为真叶	各果节第 1、第 2 叶分别为先出叶和真叶
节间伸长特点	除第 1 节间不伸长，其余各节间均伸长	奇数节间不伸长，偶数节间伸长
叶的着生	与主茎同	左右互生
蕾铃着生方式	间接着生于二级果枝上	直接着生

（3）果枝类型　根据果枝节数，通常分为有限果枝和无限果枝两类。有限果枝类型又分为零式果枝与一式果枝，零式果枝无果节，铃柄直接着生在叶腋间；一式果枝只有 1 个果节，果节很短，棉铃常丛生于果节顶端。无限果枝又称二式果枝。有多个果节，在条件适宜时，可不断延伸增节。

根据果节长短又可分 4 种类型。紧凑型：果枝节间平均长度 3～5 cm；较紧凑型：果枝节间平均长度 5～10 cm；较松散型：果枝节间平均长度 10～15 cm；松散型：果枝节间平均长度 15 cm 以上。

（4）株型　株型为品种特征之一，根据果枝长短及分枝多少可分为 3 种。

塔型：果枝自下而上逐渐变短，叶枝少。筒型：上、中、下的果枝长度相近，叶枝少。丛生型：主茎较矮，下部叶枝多而粗壮。

3. 叶

棉叶可分为子叶、先出叶和真叶 3 种。真叶按其着生枝条的不同，又可分为主茎叶和果枝叶。

（1）子叶　肾形，绿色，基点呈红色，宽约 5 cm，两片子叶对生。

（2）先出叶　先出叶为每个枝条和枝轴抽出前先长出的第 1 片不完全叶，大多无叶柄，没有托叶，呈披针形，长椭圆形或不对称卵圆形。最大宽度 5～10 mm，寿命 30 d 左右。由于其着生的节间不伸长，所处部位和形态又与托叶相近，故易与托叶相混淆。

（3）真叶　由托叶、叶柄及叶片 3 部分组成。托叶 2 枚，着生在叶柄基部两侧。一般主茎叶的托叶为镰刀形，果枝叶的托叶近三角形。常态叶叶缘呈掌状缺刻，裂片一般为 3～5 个，多的可达 7 个。一般主茎第 1 片真叶全缘，至第 3 片真叶开始出现明显的裂片，第 5～6 叶开始具有典型的 5 个裂片，中部主茎叶裂片数最多，至上部真叶裂片渐少，果枝叶与典型的主茎叶基本相同，以靠近主茎的节位上所生裂片为多。叶片的大小、色泽、厚薄及叶柄的长短，除受品种遗传特性影响外，还受生态条件及栽培措施的影响，故常作为看苗诊断的指标。棉花真叶上大多有茸毛，叶背面中脉上离叶基约 1/3 处有 1 蜜腺。

（4）叶序　即真叶在主茎或枝上排列的次序。主茎及叶枝上的真叶呈螺旋式互生，在果枝上则分左右两行交错排列。陆地棉的主茎叶序为 3/8 螺旋式，即 8 片真叶围绕主茎或叶枝转 3 圈，第 9 叶与第 1 叶上下对应，相邻二叶平均绕轴 135°。叶片光合产物的运转、分配与叶序有密切关系。

4. 蕾、花、铃

由花序分化至雌蕊分化期肉眼可见至开花前的幼小生殖器官称为蕾。蕾是花的雏形。随蕾的长大，花器各部分渐次发育成熟，即开花，开花后的生殖器官称为铃。

（1）花器构造　棉花的花属完全花，由花柄、苞叶、花萼、花冠、雄蕊、雌蕊组成。

① 花柄。又称花梗，位于花朵下面，一端与果枝相连，另一端顶部膨大称为花托，花柄起支持作用，同时又是各类营养物质由果节运向花器的主要通道。

② 苞叶。位于花的最外层，3 片，绿色，呈三角形，上缘锯齿状，每片苞叶基部外侧有 1 下凹的蜜腺，称苞外蜜腺。苞叶可进行光合作用，棉铃内积累的光合产物中约有 5% 来自苞片，摘除苞叶会增加蕾铃脱落，并减轻铃重。同时还具保护作用。

③ 花萼。5 片联合成有 5 个突起的杯状，环绕在花冠基部，呈黄绿色。花

萼基部的外侧，2片苞叶之间各着生1个蜜腺。

④ 花冠。由5枚花瓣组成，花瓣近似倒三角形，互相重复似覆瓦状。开花前4～5 d，花冠生长加速，开花前1 d下午急剧伸长，突出于苞叶外，开花当天由于花瓣生长的不平衡作用而使花冠开放。陆地棉花瓣多为乳白色，开花后由于日光照射使花青素形成，花瓣即逐渐变成粉红色，以至变成紫红色。花冠除具保护作用外，还有临时储藏养料的功能，这些养料可供开花所需。

⑤ 雄蕊。每朵花通常有雄蕊60～90个，花丝基部彼此联合成管状，包在花柱及子房外面，称为花粉管。花丝在雄蕊管上排成5棱，与花瓣对生，每棱上有两列。每根花丝顶端着生1肾形花药。

⑥ 雌蕊。包括柱头、花柱和子房3部分。子房由3～5个心皮组成，形成3～5室，每室在中轴上倒生两列胚珠，一般多呈单数，7～11个不等。柱头上有纵棱，棱数与子房室数相同。

（2）棉铃　棉铃是由受精后的子房发育而成，俗称棉桃，在植物学上属于蒴果。开花结铃后，原来的花柄即变成铃柄。未成熟棉铃多呈绿色，铃面平滑，其内深藏酚多色素腺而呈暗点状。棉铃通常根据铃尖、铃肩、铃面及铃基的形状，可分为圆球形、卵圆形和椭圆形等多种铃形。铃形是区别种及品种的重要性状。棉铃经一定时间发育成熟后，铃壳开裂，铃内露出蓬松的籽棉，即为吐絮。不同发育时期的棉铃又分为幼铃与成铃。

棉花铃重常以单铃籽棉重的克数表示，铃重是产量构成因素之一。铃重大小除受品种特性影响外，还与结铃部位有关。

5. 种子

棉花的种子由受精后的胚珠发育而成。棉籽为无胚乳种子，在构造上分为种皮和种胚2部分。种皮的外表皮细胞经突起、伸长形成棉纤维或棉短绒密被在种子之上。带有纤维的种子称为籽棉，籽棉轧去纤维后，棉籽外大多密被一层短绒，称毛籽；有的棉籽无短绒，称光籽；若在棉籽一端或两端长有短绒，称短毛籽。陆地棉的棉籽多为毛籽。

棉籽外形为长椭圆形或梨形，一头尖，一头钝圆，尖端为珠孔端，有一棘状突起，为籽柄。籽柄旁有一小孔，称发芽孔，系珠孔遗迹。钝圆端为合点端，在合点处种壳薄，无栅栏层，是种子萌发时的主要吸水、通气通道。

成熟棉籽的种皮为黑色或棕褐色，壳硬，未成熟棉籽种皮呈红棕色、黄色乃至白色，壳软。

四、方法与步骤

1. 生育期记载

棉花从播种到收花结束的时期，称总生育期或称生长期。从出苗到开始吐絮的时期叫生育期。

（1）出苗期　子叶出土平展即为出苗，出苗率达 10% 时的日期为始苗期，达 50% 的日期为出苗期。

（2）现蕾期　幼蕾的三角苞叶达 3 mm，肉眼可见为现蕾的标准。全田 10% 的棉株第 1 幼蕾出现为始蕾期，达 50% 的日期为现蕾期。

（3）开花期　全田 10% 的棉株第 1 朵花开放的日期为始花期，达 50% 的日期为开花期。

（4）盛花期　单株日开花量最多的日期，一般以第 4、5 果枝第 1 花开放，作为进入盛花期的标准。始花后 15 d 左右进入盛花期。

（5）吐絮期　全田 10% 的棉株有开裂棉铃的日期为始絮期，达 50% 的日期为吐絮期。

2. 生育状况调查记载标准

（1）株高　即主茎高度，从子叶节量至顶端生长点，以 cm 表示，打顶后则量至最上果枝的基部。

（2）第 1 果枝着生节位　指主茎上着生第 1 果枝的节位数，子叶节不计算在内。陆地棉品种一般是 6～8 节。

（3）第 1 果枝着生高度　指主茎上从子叶节到着生第 1 果枝处的距离，以 cm 表示。

（4）果枝数　单株上所有果枝数，枝条虽未伸出但已出现幼蕾者，即可作为果枝计数，空果枝亦应包括在内。

（5）蕾数　单株总蕾数（幼蕾以三角苞叶达 3 mm，肉眼可见作为计数标准）。

（6）开花数　指调查当天单株开花数（上午为乳白色花，下午浅粉红花）。

（7）幼铃数　单株幼铃数，幼铃的标准是开花后 2 d 到 8～10 d，子房横径不足 2 cm 的铃，一般以铃尖未超过苞叶、横径小于大拇指甲作标准。

（8）成铃数　开花 10 d 后横径大于 2 cm，而尚未开裂吐絮的棉铃数。

（9）吐絮铃数　铃壳开裂见絮的棉铃数。

（10）烂铃数　铃壳大部变黑腐烂的棉铃数。

（11）单株总铃数　有效花终止期以前，以花及幼铃、成铃、吐絮铃、烂铃的总和计算。有效花终止期以后，10 月初以前的花及幼铃以 1/2 计，10 月初以后不计花及幼铃。

（12）脱落数　果枝上无蕾、铃的空果节数。

（13）总果节数　指单株上已现蕾的总数，调查时等于蕾数、花数、铃数、脱落数的总和。

（14）脱落率　脱落数占总果节数的百分率。

(15) 伏前桃　指入伏以前所形成的棉铃。现统一规定为 7 月 15 日调查时的成铃数。

(16) 伏桃　指三伏期所形成的棉铃，即 7 月 16 日至 8 月 15 日期间所结的成铃。伏桃数以 8 月 15 日调查的成铃数减去伏前桃计算。

(17) 秋桃　指出伏后能形成的有经济价值的铃，即 8 月 16 日以后所结的有效成铃。秋桃数以 9 月 15 日调查的成铃数减去伏前桃和伏桃计算。

(18) 铃重　指单个棉铃内的籽棉重，以 g 为单位。一般于吐絮期间分早、中、晚 3 次采收正常吐絮铃 100 或 200 个，晒干称重，除以采收铃数，3 次平均。所得单铃重通常作为品种的铃重。栽培上测产的做法应该是在小区内定点测定，每次收取点内所有吐絮铃，记录采收个数，晒干称重，将每次采收的籽棉重相加除以采收的总铃数，即得全株平均单铃重。

(19) 霜前花产量　指枯霜前已发育成熟的籽棉产量。一般应将枯霜后 3～5 d 收的籽棉计入霜前花产量。

(20) 籽指　百粒棉籽（已轧去纤维的种子）的重量，以 g 为单位，取样 3 次，取平均值。

(21) 衣指　百粒棉籽中纤维的重量，以 g 为单位。

(22) 衣分　称取 500～1 000 g 籽棉，轧出皮棉，称皮棉重，皮棉重占籽棉重的百分率，亦可用衣指、籽指计算。

$$衣分(\%) = \frac{皮棉重}{籽棉重} \times 100$$

$$衣分(\%) = \frac{衣指}{籽指 + 衣指} \times 100$$

(23) 叶面积和叶面积系数的测定　叶面积测定目前比较通用的方法主要有 4 种。

① 便携式叶面积仪法。利用便携式叶面积仪量取叶面积。

② 重量相关法。利用一定面积叶片样本的干重和全部叶片的干重来推算全部叶片的面积。

先将单株或若干样株全部叶片摘下，然后在其中选取有代表性的叶片若干张，用 1 cm² 或 2 cm² 打孔器或厚纸卡切 100 片或 200 片叶样片，将叶样片和全部叶片分别烘干，称其干重，即可推算出全部叶面积。

$$单株叶面积(cm^2) = \frac{单株全部叶片干重（g）\times 叶样片面积（cm^2）}{叶样片干重（g）}$$

根据每公顷实有株数，即可计算出单位面积上的叶面积和叶面积系数。

③ 长宽系数法。可在田间测量叶片的长、宽，再乘以校正系数。叶长为从叶片与叶柄连接点到中裂片尖端，叶宽为通过该连接点到叶片两边的距离。

不同品种、不同条件下叶片以及不同时期出生的叶片校正系数都有所不同，需在具体条件下通过实测来取校正系数。一般情况下，取 0.72～0.76。

④ 去叶尖法。自叶基至中裂尖 1 cm 宽处的距离为叶长 A，垂直中脉并通过叶柄基部的宽度为叶宽 B。A×B 即为该叶面积。大部分品种除基部三叶外，均可使用此法。棉花基部三叶面积，可以利用自然叶长和叶宽的乘积来求得。

五、作业

1. 取新鲜棉株，按上述说明内容仔细观察识别各器官的形态特征；并要求在棉花不同生长发育阶段观察各器官的形态变化。

2. 列表说明果枝与叶枝形态上的区别，并绘果枝与叶枝模式图。

3. 何为先出叶？简述先出叶的发生特点。

4. 绘制棉花花朵纵切面图，并注明各部名称。

实验十四　棉花蕾期和花铃期田间诊断与管理

一、实验目的

学习棉花蕾期和花铃期调查方法与田间诊断技术；掌握棉花蕾期和花铃期的生育特点。学会根据诊断结果提出具体的田间栽培管理措施并实施。

二、材料与用具

选取不同长势长相的棉田现场，准备卷尺、铅笔、调查表、纸牌、田间管理工具等。

三、内容说明

1. 蕾期

（1）现蕾至开花的一段时间称蕾期　中熟陆地棉品种一般需经历 25～30 d。山东省棉花蕾期一般在 6 月上旬至 7 月上旬。棉株现蕾以后，即进入营养生长与生殖生长并进生长时期，但仍以营养生长为主。光合产物大部分运向主茎和果枝前端生长旺盛的部位，而分配到蕾的数量很少。

（2）田间管理　要求在苗期壮苗早发的基础上，实现稳长。主要通过肥、水管理，结合整枝、中耕、治虫等措施，保证棉株营养生长与生殖生长相互协调。一方面要促进根系向纵深发展，保证营养体有一定的发展速度。另一方面既要防止因肥水过多，引起旺长，导致早蕾脱落，又要防止因肥水不足，过分抑制营养生长而影响现蕾。

2. 花铃期

（1）开花至吐絮的一段时间称为花铃期　山东省棉花花铃期一般在 7 月上旬至 9 月初。该期棉株生长发育由营养生长与生殖生长并进逐渐转向以生殖生长为主，边长枝、叶，边现蕾、开花、结铃，是形成产量的关键时期。

（2）生育特点　花铃期又可划分为初花期和盛花结铃期两个时期。初花期长 15 d 左右，是棉花一生生长最旺盛的时期，在短短的半个月内，无论是主茎增长量，还是现蕾数，都达到一生总生长量的 1/3。进入盛花结铃期后，生殖生长逐渐占据优势，代谢旺盛，是营养生长与生殖生长最易发生矛盾的时期，同时也是群体与个体矛盾最突出的时期。植株对肥水的吸收达一生的高峰期。如果初花期肥水过多，往往引起徒长，营养生长与生殖生长失调，造成大量蕾铃脱落。反之，会导致营养生长不足。盛花结铃期，肥水过多会引起后期贪青晚熟；反之，会造成早衰。

（3）田间管理　花铃期的管理，仍以合理施用肥水为中心，辅之以中耕、整枝、使用生长调节剂等，同时要注意防治伏蚜、棉铃虫等。

四、方法与步骤

1. 蕾期田间指标诊断

（1）主茎　日增长量，现蕾到盛蕾 0.5～1 cm，盛蕾到初花 2 cm 左右。超过上述指标为旺长，反之为弱长。开花时株高 50 cm 左右。红茎率 60%～70%，低于 60% 则是旺长趋势，红茎率过高则为弱苗。

（2）叶片大小　主要测棉株顶部自上而下第 4 叶的宽度，蕾期一般是 15 cm左右，不超过 20 cm。须根据品种特性和产量要求，通过实践再制订适于当地的诊断指标。如果叶片大而厚、叶柄长则是旺长表现。

（3）叶位　如果第 4 片叶显著高于第三叶片，茎顶下陷，说明生长势偏旺。

（4）叶面积系数　0.2～1。

（5）现蕾速度　始蕾—盛蕾期每株每 1.5～2 d 增 1 蕾，盛蕾—初花期每天增 1.5 个蕾。开花时现蕾 26～30 个，果枝 9～11 个。

（6）高产棉株长相　株型紧凑、茎秆粗壮、节密，果枝向四周平伸，着生角度较大，节间分布均匀，叶片大小适中，蕾多而大。若株型松散，茎粗节稀，果枝向上生长，着生角度小，果枝细而果枝节间长，叶片肥大，蕾少而小，属旺长。若株型矮小，秆细株瘦，叶小、蕾少，属弱长。

2. 花铃期田间诊断指标

（1）主茎　日增长量，初期为 2～2.5 cm，超过 3 cm 为旺长表现，低于 2 cm 为弱长。盛蕾期以后，保持在 0.5～1 cm。株高由初期的 50 cm 左右，到盛花期达 70～80 cm，最终株高 100～110 cm。红茎率：开花期为 70% 左右，盛花期 90% 左右，顶部保持 10 cm 左右的青茎；此时如果红茎到顶，表明棉株受旱、缺肥长势过弱，是早衰的象征；如果红茎比例过小，则是贪青晚熟的趋势。

（2）叶片大小　倒四叶宽开花前达最大，15 cm 左右，以后逐渐减小，至盛花期下降为 13～14 cm。

（3）叶位　开花高度顺序应为（第 4、第 3）、第 2、第 1 或第 3、第 4、第 2、第 1，开花期到盛花期应为（第 3、第 2）、第 1、第 4，或第 3、第 2、第 1、第 4。如果这个阶段高度顺序呈现第 2、（第 3、第 1）、第 4，第 2、第 1、第 3、第 4 或第 1、第 2、第 3、第 4，说明长劲不足，脱肥早衰。

（4）叶面积系数　初花期达 1.5～2，盛花期最大叶面积系数 3.5～4 为宜。超过 4.5 则表明初花期发生了旺长。

（5）现蕾速度　开花后每 2～3 d 出 1 新果枝，每天增 1.5 个蕾，盛花后每天增 1 朵花以上。

（6）适宜的果枝果节数　密度不同，单株留果枝不同。但同一产量水平果枝果节数应达一定要求，一般皮棉产量为 1 125～1 500 kg/hm² 时的果枝和果节数应分别为 67.5 万～75 万/hm² 和 225 万～270 万/hm²。

（7）高产棉株花铃期长相　株型紧凑，呈塔形，茎秆下部粗壮，向上渐细，节间较短，果枝健壮，横着生，叶片大小适中，花蕾肥大，脱落少。如果株型高大、松散，茎秆上下不均粗，节间稀，果枝斜向上长，叶片肥大，而花蕾相对瘦小，脱落多，属旺长。相反若植株矮小瘦弱，果枝细短，叶片小而发黄，花蕾少而不壮，属低产田弱株。

（8）群体结构指标　看封行早晚和程度，高产田要求大暑前后（7 月下旬）带大桃封行，封行程度达"下封上不封，中间一条缝"。如果初花期封行（7 月上中旬）则表明封行过早，是营养生长旺盛的表现，不利于中、下部坐桃；如果 7 月底棉田不封行，则可能因密度、行距不当，群体结构不合理，或棉株长势弱，若属后者则棉株后期有可能早衰。

五、作业

1. 在蕾期和花铃期每 2 人 1 组，对不同长势长相的棉田各定 2 点，每点 5 株，利用棉花生育状况调查表进行生育状况调查，将有关资料汇总记入表 14 - 1 和表 14 - 2。将调查资料汇总连同原始资料每人上交 1 份。

表 14 - 1　棉花蕾期调查表

处理：　　　　　　　　　　　　　　　　　　　　　　　　日期：

样点		株高（cm）	株宽（cm）	果枝始节	果枝数（个）	蕾数（个）	红茎率（%）	叶位	倒四叶宽（cm）
点一	1								
	2								
	3								
	4								
	5								
	平均								

（续）

样点		株高（cm）	株宽（cm）	果枝始节	果枝数（个）	蕾数（个）	红茎率（%）	叶位	倒四叶宽（cm）
点二	1								
	2								
	3								
	4								
	5								
	平均								
总平均									

表 14-2　棉花花铃期调查诊断汇总表

日期：

处理	株高（cm）	果枝数（个）	花及幼铃数（个）	成铃数（个）	吐絮铃数（个）	烂铃数（个）	脱落数（个）	果节数（个）	脱落率（%）	蕾数（个）	红茎率（%）	叶位	倒四叶宽（cm）	总评管理意见

2. 将蕾期调查结果整理汇总记入表 14-3，并提出田间管理意见。

3. 根据调查诊断结果，由老师确诊制订具体管理措施，学生具体实施。

表 14-3　棉花蕾期调查诊断汇总表

日期：

处理	株高（cm）	株宽（cm）	果枝始节	果枝数（个）	蕾数（个）	红茎率（%）	叶位	倒四叶宽（cm）	总评与田间管理意见

实验十五　棉花田间测产方法

一、实验目的

学习棉花田间估产方法，掌握产量预测的原则及标准。

二、材料与用具

选取不同类型的棉田，准备皮尺、卷尺、计算器、铅笔、记录表等。

三、内容说明

棉田测产通常于 9 月中下旬进行。

$$棉花籽棉产量（kg/hm^2）=\frac{每公顷株数×单株铃数×单铃重（g）}{1\,000}$$

$$棉花皮棉产量（kg/hm^2）=\frac{公顷株数×单株铃数×单铃重（g）×衣分}{1\,000}$$

根据以上产量计算公式，在棉田估产时主要注意以下几个环节。

1. 田间选点

选取有代表性的点调查，依试验田大小选 3～5 个；大田测产要根据测产目的而定，一般每块棉田按对角线随机取样 5 个点。

2. 调查公顷株数

在每个定点处。测 11 行间的距离（m）除以 10，即得平均行距，测 51 株间距（m）除以 50，即得平均株距，以下式计算公顷株数。

$$每公顷株数（株/hm^2）=\frac{10\,000\ m^2}{行距（m）×株距（m）}$$

大田测定用 10 m² 测产方法，依行距求 2 行棉花、10 m² 的长度，数出 10 m² 地的株数乘 1\,000，即得每公顷株数。

3. 调查单株铃数

试验田选 10～20 株，大田取 10 m²（调查总株数）。分别调查样点的吐絮铃数、成铃数、花及幼铃数/2、烂铃数。四部分相加即为该点的总铃数，然后计算出单株铃数。

4. 单铃重的确定

方法主要有 3 种，一是根据常年全株平均单铃重考虑当时的长势和气候估

· 52 ·

计铃重。二是在大田 10 月初测产时每块地随机收摘 100 个正常吐絮铃，烘（晒）干称得铃重，乘折算系数求出全株单铃重。10 月初吐絮率（包括正常吐絮铃和烂铃、不包括初裂青铃）超过 60% 者，折算系数用 0.8；40% ~ 60% 者，用 0.75；低于 40% 者，用 0.7，但还应注意烂铃率超过 10% 时，铃重折算系数应减 0.05；烂铃率每递增 10%，折算系数递减 0.05。三是依品种常年铃重的 8 折计。

5. 衣分确定

根据本品种常年平均衣分，考虑当时的长势和气候等确定。

四、方法与步骤

根据上述说明，每组选择不同类型的棉田 2 ~ 3 块分别测产，将有关内容记入棉田估产记录表（表 15 - 1）。

表 15 - 1　棉田估产记录表

年　　月　　日

田块	处理（或品种）	点号	平均行距(cm)	平均株距(cm)	每公顷株数(株/hm²)	单株铃数	样点总铃数	样点面积(hm²)	每公顷铃数	每千克籽棉铃数	估产		备注
											籽棉(kg/hm²)	皮棉(kg/hm²)	

五、作业

1. 比较分析不同类型棉田产量差异的原因。
2. 分析棉田估产发生误差的主要原因，应如何改进？

实验十六　花生播种技术

一、实验目的

了解花生播种的过程，掌握花生人工播种技术。

二、材料与用具

花生种子、皮尺、铁锨、开沟器、杀菌剂、杀虫剂、地膜。

三、内容说明

花生生产的主要技术措施在播种期实施，播种技术是实现花生高产优质的关键环节。花生播种的基本要求是适期、规范播种，达到苗齐、苗匀、苗壮，奠定高产基础。根据生产条件的不同，目前生产上有人工播种和机械播种 2 种方式。不论哪种方式均需要做好以下工作环节。

1. 选用良种

根据气候条件、土壤、产量水平、种植制度等选用适宜的花生品种。株高一般不宜过高，生长稳健，不易倒伏，主茎高一般 40～45 cm 为宜。7～9 条分枝为宜，分枝过多不耐密植，过少则单株叶面积受限制。高产栽培条件和密度下，一般单株结果数应在 20 个以上，饱果率 70％以上，双仁果率 80％以上。生育期长短合适。山东省春播花生可选择生育期在 110～130 d 的品种，夏播花生可选择生育期在 110 d 左右的品种。

2. 种子处理

种子精选是提高种子质量的关键环节。花生播前 10 d 左右剥壳，剥壳前晒种 2～3 d，以提高种子活力，消灭部分病菌。剥壳时随时剔除虫、芽、烂果。分级粒选。种子大小越匀越好，发芽率≥95％，纯度≥98％。

播前要做好拌种或包衣。根据生产需要分别进行药剂、根瘤菌、微肥拌（浸）种，达到防病、增加固氮、补充养分等目的。药剂拌种可用 30％毒死蜱微囊悬浮剂 3 000 mL 或 25％赛虫咯霜灵悬浮种衣剂 700 mL，加适量水拌花生种子 100 kg。拌种后，要晾干种皮后再播种。

3. 适期足墒播种

5 cm 地温稳定在 15 ℃时，便可播种。提倡适期晚播，鲁东春播花生适宜播期为 5 月 1～15 日，鲁中、鲁西为 4 月 25 日至 5 月 15 日。夏直播花生在前茬作物收获后，要抢时早播，越早越好，力争 6 月 15 日前播完，最迟不能晚于 6 月 20 日。

足墒播种是保证花生苗全苗齐的关键措施，墒情不足的可于播前开沟灌水或泼地造墒。播种时土壤水分以田间最大持水量的 70% 为宜。有滴灌条件的地块亦可先播种，播种后立即进行滴灌灌水，亦能保证出苗质量。

4. 合理密植

根据品种特性、种植制度、土壤条件、气候因素等确定合理的种植密度。目前生产上以起垄地膜覆盖栽培为主，一般情况下春播大花生密度以 12 万～13.5 万穴/hm^2 为宜，小花生以 15 万～16.5 万穴/hm^2 为宜。根据种植方式调配行株距，每穴 2 粒。

5. 提高播种质量

北方花生春播有平种、垄种、畦种、地膜覆盖等方式。有穴播和单粒条播 2 种基本方式。开沟点种或挖穴点种，除要求行、墩距适宜保证密度外，最基本的要求是掌握播种深度。应根据"干不种深、湿不种浅"的原则结合土壤墒情确定合理的播种深度，一般播深以 3～5 cm 为宜。

6. 及时引苗补苗

当花生幼苗顶土时，露地栽培的及时清棵，即将幼苗周围的表土扒开，使子叶直接曝光；地膜覆盖栽培的，及时破膜引苗，方法是用拇、食、中 3 指在幼苗上方开一个直径为 3～4 cm 的圆孔，引苗出土。

四、方法与步骤

起垄地膜覆盖栽培花生播种技术方法步骤如下。

1. 根据当地气候条件等选好花生品种，精选种子。

2. 准备好杀菌剂、杀虫剂进行花生拌种。

3. 起垄。垄距 90 cm，垄面宽 55 cm，垄高 10～12 cm，垄上开 2 条播种沟，行距 30 cm，沟深 4～5 cm。

4. 播种沟内浇水，保证种子有足够的水分萌发出苗。如刚下过雨，土壤墒情合适可不浇水。

5. 点种。在播种沟内点种，穴距 17 cm，每穴 2 粒。

6. 盖土、覆膜。播种沟盖好土，恢复垄面，喷施除草剂，盖地膜。

7. 播种后出苗时及时破膜引苗。

五、作业

1. 完成起垄地膜覆盖栽培方式的花生播种。

2. 选择 5 个点完成表 16-1 所列项目数据的调查，分析播种质量，后期观察播种质量对花生幼苗质量的影响。

表 16-1　花生播种质量的调查表

重复	垄距 (cm)	垄上行距 (cm)	穴距 (cm)	播种深度 (cm)	每穴粒数 (粒)	幼苗质量 (出苗后)
1						
2						
3						
4						
5						

实验十七　花生形态观察与类型识别

一、实验目的

1. 了解花生的植物学特征（主要器官：茎、叶、花、根、荚果、籽仁）。
2. 掌握区分花生类型的依据，能够识别 4 种花生类型。

二、材料与用具

花生植株标本、花生的果实和籽仁、4 种类型的花生植株；铁锹、直尺、卷尺、剪刀、镊子和解剖针。

三、内容说明

（一）花生形态特征

1. 果实和种子

花生的果实为荚果，1 室，内含种子 2～4 粒，果壳坚硬，成熟后不开裂，荚果有深或浅的缢缩，称果腰。果壳表面有纵横的网纹，前端突出类似鸟嘴的果嘴。荚果形状可分为：普通形、斧头形、葫芦形、蜂腰形、茧形、曲棍形、串珠形等（图 17-1）。

|普通形|斧头形|葫芦形|蜂腰形|茧形|曲棍形|串珠形|

图 17-1　花生荚果形状

花生的种子通称为花生仁，着生在荚果腹缝线上。成熟种子的外形，一般是一端钝圆或较平（子叶端），另一端较突出（胚端）。形状有椭圆形、圆锥形、桃形、三角形、圆柱形等（图 17-2）。种皮颜色一般以收获后晒干新剥壳时的色泽为标准，可分为紫色、紫红、紫黑、红、深红、粉红、淡红、浅褐、淡黄、红白相间、白色等。其色泽一般不受栽培条件的影响，可作为区分花生品种的特征之一。花生种子由种皮和胚两部分组成。胚由胚芽、胚轴、胚根和子叶 4 部分组成。种子近尖端部分种皮表面有 1 白痕为种脐。

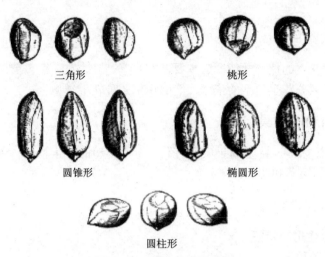

图 17 - 2 花生种子的形状

通常以成熟饱满种子的百仁重来表示该品种的典型种子大小，以自然平均样品每千克粒数来表示该批种子的实际平均大小和轻重。

2. 根和根瘤

花生根系为直根系，主根由胚根长成，由主根上分生出的侧根称一次（级）侧根，一次侧根分生出的侧根称二次侧根，依次类推。出苗时主根长可达 19～40 cm，侧根已有 40 余条；当花生始花时主根长可达 60 cm 以上，侧根已生出 100～150 条。成熟植株的主根长可达 2 m，一般为 60～90 cm。侧根于地表下 15 cm 土层内生出最多，花生主体根系分布在 30 cm 深的土层内。

花生根瘤为圆形，一般单生，多数着生在主根上部和靠近主根的侧根上，胚轴上亦能形成根瘤。根瘤外表灰白色，内部为粉红色、白色、绿色等。一般认为绿色根瘤不能进行固氮活动，为无效根瘤。粉红色根瘤的汁液内含豆血红蛋白，是根瘤菌固氮活动的必要条件。

3. 茎和分枝

（1）主茎　胚芽的主芽发育成主茎。主茎直立，幼茎截面呈圆形，中部有髓。盛花期后主茎中、上部呈棱角状，髓部中空，下部木质化，截面呈圆形。一般主茎上有 15～25 个节间。茎通常为绿色，有的品种有部分红色，老熟后为褐色。茎枝上有白色的茸毛，茸毛的多少因品种而异。主茎的高度因品种和栽培条件而异。一般认为，直立型品种主茎高度在 40～50 cm 为宜，最高不宜超过 60 cm。

（2）分枝　由主茎生出的分枝称为第一次分枝；在第 1 次分枝上着生的分枝称为第 2 次分枝；第 2 次分枝上着生的分枝称第 3 次分枝，依次类推。第 1 对侧枝由位于子叶叶腋间的 2 个侧芽形成，为对生。第 3、4 条一次分枝由主茎第 1、2 真叶叶腋生出，互生，一般称为第 2 对侧枝。第 1、2 对侧枝长势很强，这两对侧枝及其长出的 2 次分枝构成植株的主体，其叶面积占全株的大部分，结果数一般占全株的 70%～80%，高者达 90%。单株的分枝数变化很大，连续开花型品种分枝少，单株分枝数 5～6 条，至多 10 多条。交替开花型品种分枝数一般 10 条以上，其中蔓生品种稀植时可达 100 多条。

（3）株型　根据花生植株侧枝生长的姿态以及株型指数的不同，可把花生分为 3 种株型：蔓生型（或匍匐型）。侧枝几乎贴地生长，仅前端一小部分向上生长，株型指数为 2 左右或以上。半蔓生型（或半匍匐型）。第一对侧枝近基部与主茎呈 60°～90°角，侧枝中上部向上直立生长，直立部分大于匍匐部分，株型指数 1.5 左右。直立型。第一对侧枝与主茎所成角度小于 45°，株型指数 1.1～1.2。

4. 叶

花生的叶可分不完全叶及完全叶（真叶）两类。每一个枝条上的第 1 节或第 2 节，甚至第 3 节着生的叶都是不完全叶，称"鳞叶"。真叶为四小叶羽状复叶，包括托叶、叶枕、叶柄、叶轴和小叶片等。花生小叶片的叶形分为椭圆形、长椭圆形、倒卵形、宽倒卵形 4 种，是鉴别品种依据之一（图 17-3）。

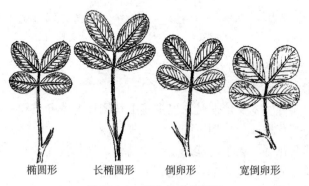

椭圆形　　长椭圆形　　倒卵形　　宽倒卵形

图 17-3　花生的叶片形状

5. 花序和花

花生的花序为总状花序，花序轴长短不同，可分为短花序、长花序、复总状花序和混合花序（图 17-4）。每花序着生 2～7 朵花，多的可达 15 朵。花冠橙黄色，蝶形，由1片旗瓣，2片翼瓣和2片龙骨瓣组成。花萼5片，其中4片联合，1片分离。花萼下部延长成细长的花萼管。雄蕊10枚，2枚退化，8枚发育形成花药，4枚长圆形，4枚圆形。花丝基部联合成雄蕊管。雌蕊由柱头、花柱、子房构成，花柱呈线形，贯穿于雄蕊管及花萼管中。子房位于花萼管的基部，子房上位、1室，内含1~4个胚珠。花萼管基部有2枚形状不同的苞片。

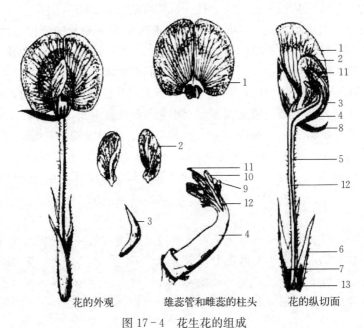

花的外观　　　　雄蕊管和雌蕊的柱头　　　花的纵切面

图 17-4　花生花的组成

1. 旗瓣　2. 翼瓣　3. 龙骨瓣　4. 雄蕊管　5. 花萼管　6. 外苞叶
7. 内苞叶　8. 萼片　9. 圆花药　10. 长花药　11. 柱头　12. 花柱　13. 子房

（二）花生类型的识别

1. 花生栽培种分类系统

区分花生亚种的主要依据是花生主茎上和侧枝上营养枝和生殖枝的着生及分布状况，即开花型或分枝型不同。

（1）连续开花型　属于连续开花型的品种，均归为连续开花亚种或称疏枝亚种。确定开花型应以主茎是否开花为主要依据。

主茎上能发生生殖枝，在侧枝的各节上均能发生生殖枝。目前生产上应用的多数主茎开花的品种，在一级侧枝的第1~2节上发生二级分枝，以后各节均能连续开花，而在这些二级分枝上，基部第1~2节均能形成花序。

（2）交替开花型　凡具交替开花型的花生栽培种即归为交替开花亚种或称密枝亚种（图17-5）。

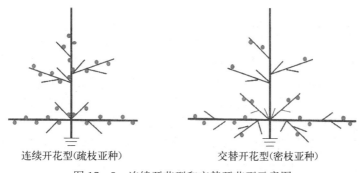

连续开花型(疏枝亚种)　　　　　交替开花型(密枝亚种)

图 17 - 5　连续开花型和交替开花型示意图

2. 变种间的差异

（1）普通型　交替开花亚种，果壳厚、网纹浅而粗，果嘴与龙骨不突出。是我国出口大花生的主要类型，主要分布在北方大花生区及长江流域春夏花生区。该类品种果大仁大，适合出口。

（2）龙生型　果壳较薄、网纹深、果嘴与龙骨突出。在我国种植最早，通称本地小花生或蔓性小花生。该类品种匍匐生长、分枝多、结果分散、果针入土深、易断、收刨费工、晚熟、抗旱耐瘠性强，在旱薄沙地上产量相当稳定。

（3）珍珠豆型　连续开花亚种，果壳薄，网纹细，一般每荚 2 粒。珍珠豆型在全世界分布最广，面积最大，是我国南方春秋花生区和东北早熟花生区的主要花生类型。该类品种生育期短，适应性广，适合出口或与小麦套种、夏直播种植。

（4）多粒型　荚果果壳厚，网纹粗浅，果嘴不突出，每荚 3～4 粒。多粒型品种早熟或极早熟，抗休眠，单株果数少，生产潜力不高，适于东北等生长期短的地区种植，如四粒红（表 17 - 1）。

表 17 - 1　花生栽培种分类系统及其对应关系

克拉波维卡兹分类系统		美国植物学类型	孙大容分类系统
密枝亚种	密枝变种	弗吉尼亚型	普通型
	多毛变种	秘鲁型	龙生型
疏枝亚种	疏枝变种	瓦棱西亚型	多粒型
	普通变种	西班牙型	珍珠豆型

（5）中间型　通过亚种、类型之间杂交选用的具中间性状的品种，很难归于任一类型，暂称为中间型。其中有一类疏枝大果中熟品种（连续开花，荚果

普通型），已成为目前推广的主要品种。

四、方法与步骤

1. 不同花生品种形态的观察

选择生长健壮无病害的花生植株，挖取后用水冲洗根部，去除泥土，得到完整的植株。整理根系，观察主根和侧根及根瘤的形态；剪刀剪下叶片，观察比较不同品种叶片的形状、颜色；剪取未入土果针和入土形成荚果的果针，比较果针的形态；取不同品种的荚果，观察荚果的形态、网纹深浅、果嘴形状等；剥去果壳后，观察种皮的颜色、籽仁的形状、数量等。

2. 花生类型的识别

取 4 种类型的花生植株，分取叶片、茎分枝、荚果、种子等部位，观察比较叶片形状、颜色；荚果的形状及大小、网纹深浅；分枝数量；籽仁粒数及种皮颜色等。

五、作业

在田间对照观察花生植株、茎、分枝和叶片的形态特征，将观察结果进行简要记录。

实验十八　　花生生育状况调查

一、实验目的

通过对田间花生不同生育期植株性状的考察，制订因地因苗管理的技术措施，综合分析影响花生产量及品质形成的因素。

二、材料与用具

不同类型的花生田块；皮尺、卷尺、铁锹、剪刀、电子天平、尼龙网袋、标签、烘箱等。

三、内容说明

1. 生育时期

（1）播种期　播种当日，以月/日表示。

（2）出苗期　第 1 片真叶展开的幼苗数占播种粒数 50% 的日期。

（3）开花期　全区累计有 50% 的植株开花的日期。

（4）盛花期　单株或全区每天开花量最多的一段时间。

（5）结荚期　全区 50% 植株出现鸡头状幼果的日期。

（6）成熟期　地上部茎叶变黄，中下部叶片脱落，50% 荚果成熟饱满，网纹清晰的日期。

（7）收获期　实际收获的日期。

2. 调查项目

（1）生育天数　从播种次日到成熟的日数。

（2）株型　根据封垄前第 1 对侧枝与主茎的开张角度分为 3 类。直立型：第 1 对侧枝与主茎夹角小于 45°；半蔓型：第 1 对侧枝近茎部分与主茎夹角呈 60°，侧枝中、上部向上直立生长，直立部分大于或等于匍匐部分。蔓生型：第 1 对侧枝与主茎间近似呈 90° 夹角，侧枝几乎贴地生长，仅前端翘起向上生长，向上部分小于匍匐部分。

（3）出苗率（%）　一般出苗后 10～20 d 调查。

（4）叶形　果针入土后调查。以第 1 对侧枝中上部完全展开的复叶顶端两小叶为标准，分为长椭圆、宽椭圆、椭圆、宽倒卵和倒卵形。

（5）叶片大小　在调查叶形的部位取样测定，根据小叶平均长度分为 5

级：3.9 cm 以下为小，4.0～4.9 cm 为较小，5.0～5.9 cm 为中，6.0～6.9 cm 为大，7.0 cm 以上为大。

（6）叶色　根据观察叶形部位的叶片颜色，分为黄绿、淡绿、绿、深绿和暗绿 5 级。

（7）花色　根据花冠的颜色分为橘黄、黄、浅黄。

（8）种子休眠性　根据收获时种子有无发芽的情况分为强（无发芽）、中（少数发芽）、弱（发芽多）3 级。

（9）叶斑病　成熟前 10 d 左右调查，根据中上部叶片的病斑多少确定发病程度，分为 5 级。0 级：无病叶；1 级：10% 以下叶片发病；2 级：11%～25% 叶片发病；3 级：26%～50% 叶片发病；4 级：51% 以上叶片发病。

（10）病毒病　主要调查丛株型病毒病，在开花期和成熟期两次调查发病株数，计算发病株率。

（11）根腐病、茎腐病　调查发病株数，计算发病株率。

（12）花生青枯病　以感病植株的累计数计算发病的百分率，以百分率确定高抗、中抗、低抗。

（13）主茎高　从第 1 对侧枝分生处到已展开顶叶节的长度，以 cm 表示。

（14）侧枝长　第 1 对侧枝中最长的一条侧枝长度，即由主茎连接处到侧枝顶叶节的长度，以厘米（cm）表示。

（15）总分枝数　全株 5 cm 以上长度的分枝总和。

（16）结果枝数　全株结果枝（包括主茎）的总和。

（17）饱果数　果壳硬化网纹清晰，种仁饱满的荚果数。

（18）秕果数　网纹不清晰，种仁不饱满的荚果数（包括两室中一室饱满、另一室不饱满的荚果）。

（19）烂果数　霉烂变质的荚果数。

（20）芽果数　收获时已经发芽的荚果数。

（21）单株结果数　单株有经济价值的荚果数量。

（22）单株生产力　单株有经济价值的荚果干重。

（23）百果重　取饱满双仁干荚果 100 个称重，重复 3 次，重复间差异不得大于 5%，取平均值，以克（g）表示。

（24）百仁重　随机取饱满典型的籽仁 100 粒称干重（g），重复间差异不得大于 5%，取平均值。

（25）千克果数　随机取干荚果 1 kg，调查荚果数，重复 3 次，重复间差异不得大于 5%，取平均值。

（26）千克仁数　随机取干籽仁 1 kg，调查籽仁数，重复 3 次，重复间差异不得大于 5%，取平均值。

（27）出仁率　随机取 1 kg 有经济价值的干荚果，剥壳后称籽仁重，计算出仁率，重复 3 次，重复间差异不得大于 5%，取平均值。

四、方法与步骤

花生播种出苗后，根据试验地块的自然分布，随机选取 3～5 个样点。依次在出苗期、开花期、结荚期、成熟期、收获期取样。测量植株主茎高、侧枝长、分枝数、结果数，观察叶色、叶形，测量叶片大小；调查花生植株感病情况。成熟期取样测产，计算单株生产力、百果重、百仁重、千克果数、千克仁数、出仁率等。

五、作业

1. 选择不同类型的花生试验田，在各生育时期调查花生植株形态指标、成熟期收获，调查各产量指标填入表 18-1。

表 18-1　花生性状考察表

处理	重复	株号	出苗率(%)	叶斑病发病率(%)	病毒病发病率(%)	根腐病/茎腐病发病率(%)	青枯病发病率(%)	主茎高(cm)	侧枝长(cm)	主茎节数	主茎绿叶数	分枝数	果针数	幼果数	秕果数	饱果数	总果数	总仁数	百果重(g)	百仁重(g)	出仁率(%)

2. 根据花生需肥水规律和调查的花生各生育期生长情况，制订相应的施肥、灌溉及化学调控技术。

实验十九　花生田间测产方法与室内考种

一、实验目的

1. 掌握花生成熟期进行田间调查、估产和室内考种的方法。
2. 了解花生估产的原理，掌握考种的项目和方法。

二、材料与用具

不同产量水平的花生田块；皮尺、卷尺、铁锨、剪刀、感量 0.01 g 天平、电子天平、尼龙网袋、标签、烘箱等。

三、内容说明

1. 理论产量

（1）根据试验地块的自然分布，随机选取 3～5 个样点。先测量每个样点 20 行的行距，求出平均行距；在每个样点中量出 20～50 墩的墩距，求出平均墩距；同时数出此 20～50 墩内实有株数，算出每墩实有株数。根据平均行距、平均墩距求出每公顷墩数及株数。

（2）每个样点选取 5～10 墩，挖出植株，捡拾落果，数清每点株数。将各点所有植株上饱果、秕果摘下，分别数出各点的双、单仁饱果和秕果数，求出平均每墩果数或每株果数及双仁果率、饱果率。

（3）根据该品种常年每千克果数，参考所测的双仁果率及饱果率，估计每千克果数的范围，再按下式推算理论产量：

$$理论产量（kg/hm^2）=\frac{每公顷株数×每株果数}{每千克果数}$$

或　　　　　$$理论产量（kg/hm^2）=\frac{每公顷墩数×每墩果数}{每千克果数}$$

2. 样点实收测产

（1）根据试验地块的自然分布，随机选取 3～5 个样点。测量花生种植带块，样点面积 13.33 m²。取 6 行花生，先测其宽度，再求出应有的长度（长＝13.33 m²/宽度），数出该面积内总墩数，然后挖墩，数出总株数，摘果，去除杂质（捡去沙石、泥土枯枝落叶、无经济价值的幼果、虫果、芽果、烂果、果柄等），称总鲜果重。再从鲜果中均匀取样 1 kg，烘干，求出折干率。

（2）小面积高产攻关田（1～2 hm²）应全部实收测产。先测量行距、墩距、实际面积，然后收刨、摘果、称重。均匀选取 10 kg 鲜果样 2～3 个，分别去杂后称重，再分别从中均匀选取 1 kg 鲜果作烘干样。计算杂质率和净鲜果重，再根据折干率和实收面积计算公顷产量。

（3）计算产量

① 果样烘干。果样放入烘箱，在 105 ℃高温下烘 8 h，再在 80 ℃恒温下烘 8～10 h，然后称重。再继续烘，每 2～4 h 称重 1 次，直到恒重为止。

② 折干率计算。按照国家规定入库荚果合理含水量 10% 的标准计算折干率。

$$折干率（\%）=\frac{烘干样干重（kg）\times 100}{烘干样鲜重（kg）\times 0.9}$$

减去测产偏多主误差，根据多年的资料统计，在一般情况下，用小区推算出的亩产量，比实收的实际亩产量大约高 10%，为了测准产量，将每个地区平均产量减去本身重量的 10%，再计算测产亩产量。小区测产和全部实收测产的，则不必减去 10% 的误差。

$$公顷产量（kg/亩）\frac{测产点平均鲜果重（kg）\times 折干率（\%）}{测定点面积（hm²）}$$

四、方法与步骤

1. 在花生收获前半个月进行试验田的理论估产，根据理论测产的内容说明，选取样点并取样，记录数据，根据理论测产公式计算理论产量。

2. 根据实际测产的内容说明进行试验田的实际测产，选取样点并取样，记录数据，根据测产公式计算实际产量。

五、作业

根据田间测产方法完成表 19－1 和表 19－2 考种项目。测产验收或小区收获，测量行距、墩距、每公顷墩数、每公顷株数、单株形状考察、器官干重考察，做测产记录（表 19－3）。

表 19－1 花生单株性状考察表

处理	重复	主茎高（cm）	侧枝长（cm）	主茎绿叶数	主茎节数	分枝数	果针数	幼果数	饱果数	秕果数	总果数

表 19 - 2　花生器官干重考察表

处理	重复	茎 (g)	叶柄 (g)	叶片 (g)	果针幼果 (g)	秕果 (g)	饱果 (g)	籽仁 (g)	荚果 (g)	总计 (g)

表 19 - 3　花生测产记录表

处理	重复	小区面积 (m²)	小区实收株数	每公顷株数	小区鲜果重 (kg)	样本鲜果重 (kg)	折干重 (kg)	小区干果重 (kg)	折算荚果产量 (kg/hm²)

实验二十　水稻形态观察与类型识别

一、实验目的

1. 了解水稻的形态结构。
2. 区别水稻和稗草、籼稻和粳稻、黏稻和糯稻。

二、材料与用具

水稻幼苗和不同时期的完整植株，不同类型的稻谷、糙米和精米；电炉、蒸锅、镊子、放大镜、解剖镜、解剖刀、解剖针、比色板、滴瓶、碘化钾溶液、叶绿素测定仪。

三、内容说明

1. 水稻的形态特征

（1）根　水稻的根属于须根系，由种子根和不定根组成（图 20 - 1）。种子根只有一条，由胚根直接发育而成；不定根由茎基部节上生出，直接从茎节上生出的不定根称为一次支根，一次支根上还可生出二次支根，形成稠密的根群。

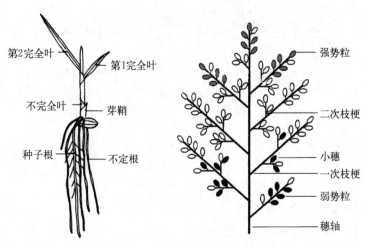

图 20 - 1　水稻的形态结构

（引自杨文钰主编《作物栽培学各论　南方本》，2003；杨弘远主编《水稻生殖生物学》，2005）

（2）分蘖与茎　水稻茎一般呈中空圆筒形，着生叶的部位是节，上下两节之间为节间。茎上部一般有4～6个伸长的节间，株高和节数因品种和环境条件而异。

（3）叶　水稻叶分为芽鞘、不完全叶和完全叶3种。芽鞘呈无色薄膜状；不完全叶为从叶鞘中长出的第1片绿叶，只有叶鞘；从植株伸出的第2片绿叶起为完全叶，由叶片和叶鞘两大部分组成，其交界处有叶枕、叶耳和叶舌。

（4）穗　稻穗为复总状花序，由穗轴、一次枝梗、二次枝梗、小穗梗和小穗组成（图20-1）。每一小穗有一对护颖，两片护颖间有3朵小花，其中基部2朵小花退化，一朵正常发育。发育小花有内外稃（内外颖）各1片，外稃比内稃大，呈船底形，尖端有突起，称为颖尖，有些品种颖尖可延伸成芒；内外稃间有雄蕊6枚、雌蕊1枚，子房与外稃之间有浆片2枚（图20-2）。

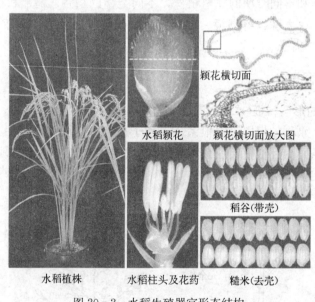

图20-2　水稻生殖器官形态结构

（引自Shi CL等，2019）

（5）稻谷、糙米和精米　稻谷由糙米（颖果）和谷壳（内外稃）组成，糙米由果皮、种皮、胚乳和胚等组成。将糙米去掉果皮、种皮等之后即为精米。有些稻谷加工成精米后可以看到腹白和心白（图20-2）。

2. 水稻和稗草的主要区别

由于水稻和稗草的形态、颜色等相似，可根据表20-1来区别水稻和稗草。

3. 籼稻与粳稻的区别

籼稻与粳稻是在不同温度条件下形成的2个亚种，可根据表20-2来区别籼稻与粳稻。

表 20 - 1　水稻和稗草的区别

项目	水稻	稗草
不完全叶	幼苗有不完全叶	幼苗无不完全叶
叶耳	有叶耳	无叶耳
叶色	叶色较浅，主叶脉颜色深	叶色较深，主叶脉颜色浅
生长速度	较慢	较快

表 20 - 2　籼稻与粳稻的主要形态区别

项目	籼稻	粳稻
谷粒（米粒）形状	细长而较扁平	宽厚而短，横切面近圆形
落粒性	易落粒	不易落粒
米质	黏性小，涨性大	黏性大，涨性小
颖毛	毛稀而短，散生颖面	毛密而长，集生颖棱上
顶叶开度	顶叶开度小	顶叶开度大
叶片形态和色泽	叶片较宽，叶色较浅	叶片较窄，叶色较深
叶毛多少	叶毛较多	叶毛少，甚至无毛
茎秆	茎秆较粗，茎壁较薄	茎秆较细，茎壁较厚

四、方法与步骤

1. 水稻的形态特征观察

（1）选取水稻幼苗植株，观察胚芽鞘、不完全叶、初生根等。

（2）选取分蘖期水稻植株，观察分蘖节以及一次分蘖、二次分蘖等。

（3）选取分蘖期至抽穗期植株，观察叶和茎的组成、形态等；同时，利用手持放大镜或者解剖镜观察根系通气组织。

（4）选取抽穗开花期植株，观察水稻花序、护颖、内外稃和雌雄蕊等，区分水稻强弱势粒。

（5）选取成熟期稻穗、稻谷或者糙米，观察稻谷、糙米等。

（6）选取精米，观察腹白、心白等。

2. 水稻与稗草的区别

（1）选取水稻和稗草幼苗，观察不完全叶、叶耳有无。

（2）观察水稻和稗草叶色和主叶脉深浅，测定叶绿素相对含量（SPAD）

并进行比较。

3. 籼稻与粳稻的区别

（1）在田间观察两个水稻亚种的长势长相、顶叶开度、叶色、叶宽、叶毛；剥出茎秆，观察茎粗、茎壁厚度等。

（2）利用成熟期的稻穗，观察 2 个水稻亚种在谷粒形态和落粒性等方面的区别。

（3）分别取适量精米于蒸锅中，加适量水，利用电炉加热，蒸熟米饭；然后观察米饭的涨性，品尝米饭的黏性。

五、作业

1. 根据所提供样品，绘制水稻结构示意图，并注明各部位名称。
2. 鉴别所提供水稻籽粒分别属于哪个亚种？

实验二十一　水稻秧苗生长观察及秧苗素质考查

一、实验目的

1. 了解秧苗生长特性并学习观察秧苗生长的方法。
2. 学习秧苗素质考察的方法，掌握壮秧的标准。

二、材料与用具

不同品种、不同播期、不同育秧方式水稻秧田；记号笔、镊子、剪刀、刀片、烘箱、铁锹、电子天平、尺子、烧杯、瓷盘、解剖器等。

三、内容说明

1. 秧苗素质考察的标准

水稻秧田期占全生育期的 1/4～1/3，占营养生长期的 1/2，秧苗素质对产量的影响很大。壮秧移栽后返青快、分蘖早、穗大粒多，容易实现高产。壮秧的标准如下。

（1）秧苗的形态特征

① 个体形态。秧苗茎基粗扁、挺直不披、叶色绿、白根多、无病虫害，植株矮健。

② 群体形态。有较高的成秧率（80%）与整齐度，插秧后回青快、发根力强、生长整齐、分蘖早。

（2）秧苗的生理特性　秧苗的光合能力强，有利于干物质的生产和积累，特别是叶鞘内糖分含量；根系吸水能力强；植株淀粉、糖类、蛋白质含量高，生理代谢活性高。

2. 苗情诊断的基本方法

水稻的叶色、长势、长相在不同的生育阶段均有变化，苗情诊断就是对某一个时期的长势和长相进行测定和观察，并作出诊断与评价。在水稻栽培中，通过判断苗情的好坏，及时采取相应的栽培措施，调控水稻的叶色和长势、长相，使水稻群体处于最佳状态，最终获得高产。

叶色是指水稻在正常情况下，群体叶片颜色的黄色、黑色交替变化，这种变化反映了水稻不同生育阶段的生理状况。长势是指作物器官的生长速度，前期以分蘖发生的早晚、分蘖数的多少，中后期以出叶速度的快慢和各叶长度的变化来表示。长相则指稻苗生长的姿态，包括株型和群体结构。这 3 个指标既各自独立、又相互联系，因此，只有田间实地看苗诊断，对秧苗进行全面综合考察，才能反映作物当时的生理状况（表 21-1）。

表 21-1 不同生育时期水稻秧苗质量标准

生育时期	健壮苗	徒长苗	瘦弱苗
苗期	插秧前苗高适中，苗基宽扁，秧苗叶片挺直有劲，不披而具弹性；叶鞘短粗，叶枕距较小，秧苗叶色绿，带有分蘖，白根多，单位长度秧苗的干物重大	苗细高，叶片过长，有露水时或雨后出现披叶，苗基圆，没有弹性，叶枕距大，叶色过浓，根系发育差	苗矮瘦，叶色黄，茎硬细，生长慢，根系发育差
分蘖期	返青后叶色由淡转浓，长势强，出叶和分蘖迅速，秧苗健壮。早晨有露水时看苗弯而不披，中午看苗挺拔有力。分蘖末期群体量适中，全田封行不封顶（封行是指相邻行中下部的稻叶叶尖交错相接，行间漏光少，顺行向只可见 2.0m 之内水面）；晒田后叶色转淡落黄	叶色偏黑，呈墨绿色，出叶快，分蘖末期叶色"一路青"，封行过早，既封行又封顶	叶色黄绿，叶片和株型直立，呈"一炷香"，出叶慢，分蘖少，分蘖末期群体量过小，叶色显黄，植株矮瘦不封行
幼穗分化期	晒田复水后叶色由黄转绿，到孕穗前保持青绿色，直至抽穗，稻株生长稳健，基部显著增粗，叶片挺立，剑叶长宽适中，全田封行不封顶	叶色"一路青"，无效分蘖多，群体量过大，稻脚不清爽，下田缠脚，叶片软弱，最上部两片叶过长	叶色落黄不转绿，全田生长量过小，茎蘖少，植株矮，不封行，最长 2~3 叶与下叶的长度差异小
结实期	青枝蜡秆，叶青籽黄，黄熟时早稻一般有绿叶 1~2 片，连作晚粳稻剑叶坚挺，有 2 片以上的绿叶，穗封行，植株弯曲而不倒	叶色乌绿，贪青晚熟，秕谷多，青籽多	叶色枯黄，剑叶尖早枯，显出早衰现象，粒重降低

四、方法与步骤

1. 成秧率调查

宜在插秧前 1~2d 进行，调查前先检查各秧田秧苗生长是否一致，若比较一致即可用三点法或五点法取样，若秧田生长差异大，则可按生长情况，将秧田分为上、中、下 3 等，算出各占秧田面积的比例。再在各等秧田中取样 2~3 点，每个取样点的面积为（15×6）cm 或（15×15）cm。取样时将各样点的秧苗及表层土壤一起取出，装在网筛内，用水洗去泥土，分别统计大苗（即为成秧数）、小苗（不到大苗高度 1/2 的小苗）以及未出苗的种谷数，清洗过程中要注意，不要将谷壳秧苗分离，不要将秧苗上脱落的谷壳算成未发芽出苗的种谷。最后计算成秧率，计入表 21－2。

表 21－2 成秧率调查表

品种：　　　　　　　　　　　　　　　　　　　　　调查日期：

处理	大苗数	小苗数	未出苗种谷数	合计	成秧率（%）	备注

2. 健壮苗、徒长苗、瘦弱苗的苗情诊断

每组在不同品种、不同播期或不同育秧方式的秧田随机选取 50 株，根据健壮苗、徒长苗和瘦弱苗的标准，对实验秧苗进行诊断和分类，统计健壮苗、徒长苗和瘦弱苗，然后取健壮苗和瘦弱苗各 10 株进行秧苗质量考察。

3. 秧苗质量考察

采用叶龄、分蘖数和叶色等指标表征水稻苗情动态，采用植株各部分干物质重及其相对比例、叶面积、整齐度、分蘖发生等作为秧苗素质的指标。根据以下标准进行秧苗苗高、叶龄、绿叶数等质量指标的测定，并将结果记录于表 21－3。

表 21－3 水稻秧苗质量考察

编号	苗高(cm)	叶龄	绿叶数	单株分蘖数	茎基宽(cm)	总根数	白根数	叶身与叶鞘长度(cm)						鲜重(g)	干重(g)	单位苗高干重(mg/cm)
								最上1叶		最上2叶		上2叶平均				
								叶身	叶鞘	叶身	叶鞘	叶身	叶鞘			
1																
2																
3																
…																
平均																

（1）苗高　由苗基部至最高叶片顶端的高度。

（2）叶龄　可见叶和展开叶数，不包括不完全叶。

（3）绿叶数　指 3/4 以上叶身均为绿色的叶片数目，未展开的新叶不计在内。

（4）分蘖数　单株分蘖多少，包括主茎。

（5）总根数　根长在 0.5 cm 以上的根数。

（6）白根数　指新鲜白根数，从根基至根尖均为白色的根。

（7）茎基宽　将所有秧苗平放紧靠在一起，测量秧苗基部最宽处，得出的平均量（不包括分蘖）。

（8）叶身　最上展开叶片 1～2 叶的叶身长度。

五、作业

1. 根据水稻成秧率调查结果，并查阅相关资料，分析影响成秧率高低的原因。

2. 根据秧苗质量考察结果，分析影响秧苗质量的原因。

3. 综合分析健壮苗、徒长苗和瘦弱苗的形成原因，并提出相应的管理补救措施。

实验二十二　水稻生长发育特性的观察

一、实验目的

1. 了解水稻生长发育特性，掌握水稻各个生育时期的特征。
2. 了解水稻器官建成规律，为采用合理的栽培技术奠定基础。

二、材料与用具

不同生育时期的水稻植株（整株），不同颜色和形状的挂牌、纸袋、烘箱、剪刀、尺子、解剖针、解剖刀。

三、内容说明

水稻的一生，包括营养生长期和生殖生长期两个紧密联系而又性质各异的时期。水稻的器官建成包括种子萌发、营养器官（根、茎、叶）发育与生长、生殖器官（穗）发育与生长。

1. 种子萌发与幼苗生长

种子萌发过程：吸水→胚膨胀→生理生化活跃→胚芽鞘突破种皮（露白）→胚芽鞘伸长→胚根伸长→不完全叶生长→第 1 片完全叶生长→芽鞘节上长出不定根。

2. 营养器官的发育与生长

（1）根　水稻根系在移栽后向斜下方伸展，主要分布在离土表 0～10 cm 的土层中，生育后期分布在土表和深层的根系增加，到抽穗期根的总量达到高峰。

（2）叶　水稻发芽时最先出现的是芽鞘，从芽鞘中长出只有叶鞘的不完全叶（第 1 片绿叶），然后伸出叶片和叶鞘均清晰可见的完全叶，我国栽培稻的主茎完全叶数大多在 11～19 片。

（3）分蘖　分蘖是由茎基部的节（分蘖节）上的腋芽（分蘖芽）在适宜条件下长成的，当条件不适宜时，分蘖芽处于休眠状态，分蘖发生率低。一般芽鞘节和不完全叶上不发生分蘖；茎秆节上的芽一般不萌发，特殊情况下发生成为高位分蘖。

（4）茎　水稻茎的总节数和伸长节间数，因品种和栽培条件不同而有较大变化，一般有 9～20 个节，4～7 个伸长节间。节间的伸长是先从下部节间开始，顺序向上。拔节期开始后，节与节间物质不断充实，硬度增加，单位体积重量增加。抽穗后，尤其是籽粒灌浆开启后，茎秆中储存的碳水化合物重新活化，向穗部转移。

3. 生殖器官发育与生长

（1）穗的发育　从幼穗开始分化到抽穗，大约历时 30 d，整个分化发育过程可划分为 8 个时期：第 1 苞分化期、一次枝梗原基分化期、二次枝梗及颖花原基分化期、雌雄蕊形成期、花粉母细胞形成期、花粉母细胞减数分裂期、花粉内容物充实期、花粉完成期。

（2）开花、授粉与结实　抽穗当天或抽穗后 1～2 d 即开始开花，第 3 天则开花最盛。开花时颖壳张开，花丝伸长，花药开裂，花粉落在颖花的柱头。柱头的花粉迅速萌发生出花粉管，进入子房，完成双受精。随后，胚和胚乳同时发育，由叶片和茎鞘转运来的同化物经由籽粒背部维管束卸载，实现籽粒灌浆。

四、方法与步骤

1. 生育时期观察

根据以下标准鉴定并记载水稻生育时期，将结果记录于表 22-1。

表 22-1　水稻生育时期观察记录表

品种（或处理）	返青期	分蘖始期	分蘖期	有效分蘖终止期	拔节期	孕穗期	抽穗期			成熟期		
							始穗期	抽穗期	齐穗期	乳熟期	蜡熟期	成熟期
1												
2												
3												
...												

（1）出苗期　根据种子不完全叶突破芽鞘的比例鉴定，10% 为出苗始期，50% 为出苗期，80% 为齐苗期。

（2）3 叶期　观察区域内 50% 秧苗的第 3 片完全叶完全抽出的日期。

（3）返青期　移栽后 50% 植株新叶展开，叶色转绿，心叶生长。

（4）分蘖期　10% 植株新生分蘖抽出 1 cm 时为分蘖始期，50% 为分蘖期，茎蘖数与最后有效穗数相同的日期为有效分蘖终止期。

（5）拔节期　植株地上部第 1 节间伸长达 50%。

（6）孕穗期　50% 植株剑叶完全抽出（剑叶叶枕全部露出）日期。

（7）抽穗期　10% 稻穗抽出剑叶叶鞘 1 cm 时为抽穗始期，50% 为抽穗期，80% 为齐穗期。

（8）成熟期 50％穗中部籽粒内容物充满颖壳，呈乳浆状时为乳熟期；50％穗中部籽粒乳状物消失，内容物浓稠，有坚硬感时为蜡熟期；谷粒变黄，米质变硬时为成熟期。

2. 群体分蘖动态观察

定点定株观察，每点选择 10 穴，返青后调查基本苗数，并将每个茎蘖挂牌；开始分蘖后每 3 d 调查 1 次总茎蘖数，并将新抽出分蘖挂牌，每次挂牌根据形状和颜色的不同加以区分。抽穗后将历次分蘖的观察资料进行整理（表22-2），绘制分蘖曲线。

表 22-2 水稻分蘖动态记录表

处理： 品种：

调查日期	1	2	3	4	5	6	7	8	9	10	平均值

3. 籽粒灌浆速率调查

于抽穗期在田间标记生长一致、穗型大小接近的稻穗作为研究对象，每品种（或处理）共 100 穗左右，从标记当天开始，每隔 5 d 取 3 个稻穗，将每穗籽粒全部摘下后统计粒数并测定鲜重，然后放于 105 ℃烘箱中杀青 30 min，再将烘箱温度调至 85 ℃烘干至恒重，冷却至室温后称籽粒干重。测定结果经整理后绘制籽粒灌浆曲线图（表 22-3）。

表 22-3 水稻粒重记录表

处理： 品种：

观察日期	重复1				重复2				重复3				平均	
	粒数	鲜重(g)	每粒鲜重(g)	干重(g)	每粒干重(g)	粒数	鲜重(g)	每粒鲜重(g)	干重(g)	每粒干重(g)	粒数	鲜重(g)	每粒鲜重(g)	干重(g)	每粒干重(g)	每粒鲜重(g)	每粒干重(g)

五、作业

1. 完成水稻生育时期调查，并完善观察记录表 22-1。

2. 参考表 22-2 整理定点观察区域的分蘖动态调查数据，绘制分蘖曲线，并结合所学知识分析影响分蘖消长的因素及其机制。

3. 参照表 22-3 整理籽粒灌浆数据，绘制籽粒灌浆曲线，并重点分析导致不同品种间（或不同处理间）灌浆差异的原因。

实验二十三　水稻田间测产与室内考种

一、实验目的

1. 了解水稻的产量构成因素。
2. 学习和掌握水稻测产及性状调查的方法。

二、材料与用具

成熟期稻田；谷物水分仪、比重计、脱粒机、籽粒考种仪、皮尺（100 m）、卷尺、剪刀、提篮、量角器、计算器、特定面积的框架、自制标杆、有色长线。

三、内容说明

水稻大面积栽培时，多数情况下对栽培对象进行全田收获测产是不可能的，往往需要进行抽样收割。水稻产量是由单位面积穗数、每穗粒数、结实率与千粒重4个因素构成，按时间进程可将水稻产量形成划分为穗数形成阶段、粒数形成阶段、结实率和粒重形成阶段。

四、方法与步骤

1. 测产方法

在水稻收获前，根据被测产田水稻产量构成因素的差异将其划分为不同等级，再从各等级中选定具有代表性的田块作为测产对象。将从各代表田测得的产量，分别乘以各类稻田的面积，就可以估算所测地区的当季稻谷产量。代表田的常用测产方法有两种：小面积试割法和全面积收割法。

（1）小面积试割法　在大面积测产中，选择有代表性的小田块，进行全部收割、脱粒、称湿谷重量，用水分速测仪测定含水量或取样放入干燥设备中烘干后称重，丈量该小田块面积，按额定含水量（籼稻14%，粳稻13.5%）折算每公顷干谷产量。

（2）全面积收割法　在田块面积较小时，实施水稻全面积收割，测定出实际产量。其基本操作步骤为：去除各小区边行，然后对各小区边收边脱粒、除杂扬净、装袋编号，自然干燥或人工干燥至额定含水量，称重。丈量该小田块面积，按额定含水量折算单位面积的干谷重量。

2. 产量构成因素和植株主要经济性状调查方法

（1）在机插或规范栽植田间条件下的测定（假定已知田间栽植的株行距）。在调查区域内随机选择 3 个点，每点取连续 4 穴（共 12 穴），区域进行全植株取样，4 穴区域必须不邻边行和补栽穴、缺穴。将植株小心带回室内考种，测定每穴穗数、每穗实粒数、每穗空粒数（秕粒数）和千粒重。具体步骤为：将 12 穴水稻的穗数（P）数出；从每穴中选出 1 中等穗（以高度为标准）；将每 1 中等穗脱粒、集中，将实粒与空粒分开，如发现有明显秕粒，应用比重法（盐水的密度为 1.06 kg/L）将秕粒与实粒分开。数取实粒数（f）、空粒数（u），称出实粒重（w）；计算每穴穗数、每穗实粒数、结实率和千粒重。计算公式如下：

$$每穴穗数 = P/12$$
$$每穗实粒数 = \sum f/12$$
$$结实率（\%）= 100 \times f/(f+u)$$
$$千粒重（g）= 1\,000 \times w/f$$

（2）如果实验室有籽粒考种仪，可以将每个样品穗的实粒全部均匀放于籽粒考种仪的平板上，拍照并称重后，用考种仪附带软件统计分析粒数、粒重、籽粒长、宽、高、圆度、直径、周长等指标。

五、作业

1. 完成不同处理或不同品种水稻田块测产，并进行比较。

2. 分析产量构成因素穗数、每穗粒数、结实率及千粒重与产量间的相关关系，并提出相应的水稻高产栽培管理措施。

实验二十四　谷物品质分析

一、实验目的

1. 学习稻米品质的鉴定方法和技术。
2. 评定部分稻米的品质。

二、材料与用具

1. 稻谷碾磨品质

不同米质和粒型的水稻品种若干个。稻谷出糙机（砻谷机）、精米机、天平、搪瓷盘、圆孔筛（2.0 mm）、盛种容器等。

2. 稻米外观品质

不同粒型和不同垩白大小的稻米样品。天平（0.01 g）、谷物轮廓投影仪（或直尺）、黑布或黑色工作台面、镊子、单面刀片、放大镜等。

3. 稻米蒸煮品质

不同直链淀粉含量的稻米样品。样品粉碎机、100 目（0.15 mm）铜丝筛、水浴锅、分光光度计、分析天平（感量 0.000 1 g）、圆形铁丝笼（能放入水浴锅中）、冰水浴箱（0 ℃左右）、玻璃弹子（直径 1.5 cm）、玻璃试管（13 cm×1.1 cm）、小玻璃瓶、移液枪（1 mL、5 mL）、坐标纸、小培养皿、镊子、单面刀片、小木板 15 cm（方形）、10 cm 小坩埚、小搪瓷盘、橡皮吸管、放大镜等。

NaOH 溶液、KOH 溶液、95%酒精、麝香草酚蓝等。

三、内容说明

不同国家和地区对稻米品质的爱好和要求不尽相同，因此，评价稻米品质的指标体系也不尽相同。在我国，对稻米品质的评价主要从碾磨品质、外观品质、蒸煮与食味品质、营养品质和卫生品质等方面进行（表 24-1）。

1. 碾磨品质

稻谷碾磨品质又称加工品质，包括稻谷的出糙率（又称糙米率）、精米率和整精米率，反映稻米对加工的适应性，主要取决于籽粒的灌浆特性、胚乳结构及糠层厚度等。

糙米是出糙机利用一对橡胶辊轮对谷粒发生挤压和揉搓作用使谷壳分离后

表 24-1　优质稻谷质量指标（GB/T 17891—1999）

类别	籼稻谷			粳稻谷			籼糯 稻谷	粳糯 稻谷
等级	1	2	3	1	2	3		
出糙率（%）	≥79.0	≥77.0	≥75.0	≥81.0	≥79.0	≥77.0	≥77.0	≥80.0
精米率（%）	≥56.0	≥54.0	≥52.0	≥66.0	≥64.0	≥62.0	≥54.0	≥60.0
垩白粒率（%）	≤10.0	≤20.0	≤30.0	≤10.0	≤20.0	≤30.0	—	—
垩白度（%）	≤1.0	≤3.0	≤5.0	≤1.0	≤3.0	≤5.0	—	—
直链淀粉（干基,%）	17.0~22.0	16.0~23.0	15.0~24.0	15.0~18.0	15.0~19.0	15.0~20.0	2.0	2.0
食味品质评分	≥9	≥8	≥7	≥9	≥8	≥7	≥7	≥7
胶稠度评分	≥70	≥60	≥50	≥80	≥70	≥60	≥100	≥100
粒型（长宽比）	≥2.8	≥2.8	≥2.8	—	—	—	—	—
不完善粒（%）	≤2.0	≤3.0	≤5.0	≤2.0	≤3.0	≤5.0	≤5.0	≤5.0
异品种粒（%）	≤1.0	≤2.0	≤3.0	≤1.0	≤2.0	≤3.0	≤3.0	≤3.0
黄粒米（%）	≤0.5	≤0.5	≤0.5	≤0.5	≤0.5	≤0.5	≤0.5	≤0.5
杂质（%）	≤1.0	≤1.0	≤1.0	≤1.0	≤1.0	≤1.0	≤1.0	≤1.0
水分（%）	≤13.5	≤13.5	≤13.5	≤13.5	≤13.5	≤13.5	≤13.5	≤13.5
色泽气味	正常	正常	正常	正常	正常	正常	正常	正常

所得的米粒。糙米率（或出糙率）是指净稻谷经出糙机脱壳后获得的糙米重量占供试稻谷重量的百分率，我国大多数品种的糙米率一般为 77%～85%。

精米是指糙米经过精米机碾磨加工除去果皮、糊粉层和种胚后，再由直径 2.0 mm 圆孔筛筛除米糠所得的米粒。精米率即为精米重量占净稻谷试样的百分率，我国大多数品种的精米率一般为 67%～80%。整精米率是指精米中完整无损及长度在完整精米 4/5 以上的米粒的重量占净稻谷试样重量的百分率。

2. 外观品质

外观品质是大米品质特性的重要指标，主要有粒型、透明度、裂纹、垩白米率、垩白面积、垩白度等。

粒型用米粒的长宽比来表示，以整精米进行测定，米粒长宽比大于 3.0 为细长型，小于 2.0 为粗短型，介于两数值之间为椭圆型或中长型。

透明度是指精米在光透视下的晶亮程度，除糯米外，优质米要求透明或半透明。

垩白是稻米胚乳中由淀粉和蛋白质填塞的较疏松的部分，是其中充有空气而引起的白色不透明部分，根据存在的部位可分为心白和腹白。稻米垩白常用垩白粒率、垩白大小和垩白度来评定。垩白粒率是指有垩白的米粒占全部米粒数的百分率。垩白大小是指将米粒平放后，米粒中垩白面积占整粒米平面投影面积的百分率。垩白度是指垩白米粒的垩白面积占其面积总和的百分率。一般有垩白的稻米透明度低，碾米时易碎，蒸煮后饭粒蓬松、中空，饭粒多裂纹、适口性差。

3. 蒸煮与食味品质

稻米蒸煮与食味品质是指米饭的色、香、味及适口性，主要体现稻米的食用特性，可以通过直链淀粉含量、糊化温度、胶稠度、饭胀性、硬度、色泽和香味等客观的理化指标来评定。

直链淀粉含量高的米饭胀性大，冷后质硬，食味差；直链淀粉含量较低的米饭胀性较小，食味品质相对较好。可根据直链淀粉与碘—碘化钾溶液的显色反映，直链淀粉含量与溶液的显色深度呈线性关系来测定样品中直链淀粉含量。

糊化温度是指淀粉粒在受热吸水后发生不可逆膨胀时的温度，测定稻米糊化温度的方法主要有双折线法、光度计法、黏度计法和碱消值法等。其中以碱消值法最为简便、常用，它是一种间接测定方法。糊化温度按表 24-2 的结果分为三级：低糊化温度（6～7 级，69 ℃以下），中糊化温度（4～5 级，70～74 ℃），高糊化温度（1～3 级，75～79 ℃）。

表 24-2 稻米糊化温度（碱消值）分级标准

等级	散裂度	清晰度
1	米粒无影响	米粒似垩白状
2	米粒胀性，不开裂	米粒垩白状，有不明显粉状环
3	米粒胀性，不少有开裂，环完整或狭窄	米粒垩白状，有明显粉状环
4	米粒胀性，开裂，环完整并宽大，可见米粒形状	中心棉絮状，环云状
5	米粒开裂或分裂，环完整并宽大	中心棉絮状，环渐消失
6	米粒分裂与环结合	中心云状，环消失
7	米粒完全消散混合	中心及环消失

胶稠度是用浓度 4.4% 的米胶充分糊化冷却后在标准试管中的流淌长度，一般可分为软（米胶流长≥60 mm）、中（40～60 mm）和硬（≤40 mm）3 个等级。胶稠度大小与米饭软硬度呈正相关，含直链淀粉少的稻米胶稠度较高，米饭软；胶稠度较低，米饭就较硬。

胀饭性即出饭率。一般直链淀粉含量高的稻米胀饭率高，但其食味品质较差。反之，直链淀粉含量低的稻米胀饭性差，而其食味品质较好。胀饭性常用的简易测定方法是 NaOH 处理法。按照表 24-3 的标准分为胀饭、中胀和不胀。

表 24-3　稻米胀饭性评定标准

胀饭性类别	分数	切面膨胀程度
胀饭	5	平切
中胀	3	乳白色中等突起
不胀	1	水晶状明显突起

4. 营养品质

营养品质指精米中蛋白质及氨基酸、脂肪、维生素、矿物质等的含量及组成。除稻米蛋白质含量外，谷蛋白、醇溶蛋白及氨基酸等组成也与营养、食味品质有关。蛋白质含量可通过测定稻米全氮含量，并乘以 5.95 的转换系数获得。

5. 卫生品质

卫生品质主要是指稻米中有害成分的残留状况，主要包括有毒化学农药、重金属（镉、砷、铅、汞）、硝酸盐、黄曲霉素等有毒物质的残留量。

四、方法与步骤

1. 碾磨品质

（1）出糙率的测定

① 从除去泥沙、杂质和空秕粒的净种子样品中，称取试样 3 份，每份 100 g。

② 将出糙机清理干净，开启电源，出糙机运转正常后，将谷粒试样缓缓倒入进料斗中，脱壳，完后停机。

③ 从糙米斗中取出糙米，放入搪瓷盘中，吹去谷壳。少量未脱壳稻谷，用手选出来重新脱壳，或用手剥去谷壳。如有较多稻谷未能脱壳，则应把橡胶辊轮的距离调小些，重新脱壳。

④ 称出糙米重量（精确到 0.01 g），用下列公式计算糙米率。

$$糙米率（\%）=糙米重/净稻谷重 \times 100$$

⑤ 求出 3 份试样结果平均数，保留 2 位小数。3 份试样结果的允许误差不超过 3%。

（2）精米率的测定

① 将上述已脱壳的新鲜糙米混合均匀后，称取试样 3 份，每份 30 g 左右（精确到 0.01）。

② 将砻谷机右边的精碾机小斗内的金属塞取出，将糙米装入小斗内，让

糙米落入精碾室。使砻谷机稍转动一下，让糙米全部漏下去。再放上金属塞压住，开动砻谷机，一般碾磨5～10 min。再悬起筛板，让米粒落入筛内。关上筛板后，然后停机。也可采用小型精米机碾磨成精米。

③ 取出精米，用1.0 mm圆孔筛筛去米糠，称取精米重量（精确到0.01 g）。按下式计算精米率。

精米率（%）＝糙米率（%）×［精米重（g）/糙米重（g）］×100

④ 将3次试样的结果求出平均值，3次试样结果允许误差不超过3%。

（3）整精米率测定

① 筛选法。把已称重的精米样品放在孔径2.0 mm的圆孔晒套中，上为筛盖，下为筛底。将筛套放在电动筛选器上，启动电源，让筛选器筛动1 min。保留在筛面上的是整粒精米和大碎米，按标准从中筛选出整粒精米，称重（精确到0.01 g）。

② 手选法。把称过重量的精米试样置于干净的台面上，或干净搪瓷盘内，用于直接分拣出其中整粒精米，称重（精确到0.01 g）。用下式计算整精米率。

整精米率（%）＝精米率（%）×［整粒精米重（g）/精米重（g）］×100

取3次试样的结果平均值，3次试样结果允许误差不超过3%。

2. 外观品质

（1）米粒形状和大小测定

① 米粒长度和长宽比。从供试样品中随机数取完整精米试样3份，每份10粒。用谷物轮廓投影仪（或游标卡尺）读出每粒米粒的长度和宽度，单位为mm，精确到0.1 mm。计算米粒平均长度和长宽比。

米粒长度是指米粒两端点的最大长度，宽度为米粒最宽处的宽度。

可用更简易的直尺测定方法，即将10粒完整精米首尾相接，排成一条直线，用直尺量出总长度；然后把这10粒米并排排列，量出其总宽度（均精确到0.1 mm）。计算试样的平均长度和长宽比。3次结果的误差应小于0.1 mm，求其平均值。

② 米粒大小测定。从供试精米样品中随机数取完整精米100粒，重复3次。用天平称出其重量，精确到0.01 g。3次结果的允许误差应小于1%，求其平均值。

（2）稻米垩白测定

① 垩白粒率。从供试精米样品中随机取整粒精米试样3份，每份100粒。逐粒用目测进行鉴定，分拣出其中有明显垩白的米粒。按下式计算垩白粒率。

垩白粒率（%）＝（垩白米粒数/供试米粒数）×100

3次测试结果允许误差不超过5%，求其平均值。

② 垩白大小和垩白度。从分选出来的垩白米粒中，随机取3份，每份10

粒。用目测逐粒鉴定，估计出每粒的垩白面积占整粒米平面投影面积的百分率。按下式计算垩白大小和垩白度。

垩白大小[面积占比（％）]＝∑[各粒垩白面积占比（％）]／供试米粒数

3 次结果允许误差不大于 10％，求平均值。

垩白度（％）＝[垩白粒率（％）×垩白大小（％）]／100

3. 蒸煮品质

（1）直链淀粉含量测定

① 精米样品磨碎成过 0.25 mm 孔径筛的米粉样品，准确称取 0.100 g 米粉样品，置于 100 mL 容量瓶中。

② 加入 1.0 mL 95％乙醇，轻摇容量瓶，将样品湿润混匀，加入 9.0 mL 1.00 mol/L 氢氧化钠溶液，轻转容量瓶将样品混匀后放于水浴锅中煮沸 10 min后取出，冷却至室温后加蒸馏水定容。

③ 吸取 5.0 mL 样品溶液到盛有 50 mL 蒸馏水的容量瓶中，然后加入 1.0 mL 1.00 mol/L 乙酸溶液，使样品酸化后加入 1.50 mL 碘液，充分混匀并定容至 100 mL。

④ 选择 5 mL 的 0.09 mol/L 氢氧化钠溶液代替样品，配制空白溶液，用空白溶液于分光光度计波长 620 nm 处调零并测出有色样品的吸光度值。

⑤ 标准样品绘制。称取与待测样品相同质量（0.100 g）的已知直链淀粉含量的标准样品，按照上述方法与待测样品同时进行测定。以标准样品的直链淀粉含量为纵坐标，相应的吸光度值为横坐标，绘制标准曲线及回归方程：

$$Y＝a＋bx$$

式中：Y——样品直链淀粉含量；

　　　a——标准曲线截距；

　　　b——标准曲线斜率；

　　　x——样品吸光度值。

（2）稻米糊化温度测定

① 配制 1.4％（粳稻）或 1.7％（籼稻）的 KOH 溶液。称取 85％的颗粒状 KOH（化学纯）16.47 g 或 20.00 g，溶于 1 000 mL 新近煮沸过的蒸馏水中，使用前至少放置 24 h。

② 选取大小均匀一致的完整精米 6 粒，放于干净的培养皿中，重复 3 次。

③ 每个培养皿中加入 1.4％KOH 2 mL，把米粒分布均匀，盖上皿盖。

④ 把培养皿小心地放在（30±0.5）℃的恒温箱中，静置 23 h，米粒将充分崩解。

⑤ 用目测观察胚乳外观的消化扩散程度。注意不要晃动试样品，否则影响观察结果。按表 24－2 评定糊化温度的高低。

（3）稻米胶稠度测定

① 称取 KOH（分析纯）11.2 g，溶于 1 000 mL 蒸馏水中，配成 0.2 mol/L KOH 溶液。称取麝香草酚蓝 0.125 g，溶于 50 mL 95％乙醇中，配成含有 0.025％麝香草酚蓝的 95％乙醇溶液。

② 将供试精米样品放在室内条件下 2 d 以上，使样品含水量一致。称取样品 2 g（含水量 12％左右），磨成细粉，过 100 目筛，放入小磨口玻璃瓶中，塞好瓶盖，再放于干燥器中备用。

③ 准确称取米粉试样 3 份，每份 100 mg（按含水量 12％计算，如含水量不为 12％时，则应折算和相应增减试样重量），分别放入试管中。注意米粉不要黏附在试管壁上。

④ 每支试管中加入 0.2 mL 含 0.025％麝香草酚蓝的 95％乙醇溶液（酒精能防止糊化时米粉结块，麝香草酚蓝能使碱性胶糊着色），轻摇试管，使米粉分散而不沉淀结块。然后加入 2 mL 0.2 mol/L KOH 溶液，摇匀。

⑤ 将试管放入铁丝笼中，在试管口处放一玻璃弹子，再把铁丝笼放入沸水浴中，加热 8 min。注意在把试管放入沸水浴之前，应再一次摇动试管，以防米粉结块。放入水浴锅中后，试管内液面应低于水浴锅液面，使沸腾的米胶高度始终维持在试管长度的 1/3～1/2，过高将会溢出。如发现米胶溶液不上升，则可能是米粉在底部结块，应立即摇动此试管，否则测定结果不准确。

⑥ 加热结束后，取出试管放在试管架上，在室温下冷却 5～10 min。再放入冰水浴（0 ℃左右）中冷却 20 min。

⑦ 在水平的桌面上放一坐标纸，将含米胶的试管平放在坐标纸上，试管底部排列在同一基准线上。在室温 [（25±2）℃] 条件下静置 1 h。观察测量各个样品的米胶长度，单位为毫米（mm）。

3 次实验结果的允许误差：硬胶稠度试样不大于 3 mm，中胶稠度试样不大于 5 mm，软胶稠度试样不大于 7 mm，求平均值。按照米胶长度，稻米胶稠度可分为 3 个等级：硬胶稠度（长度≤40 mm）、中胶稠度（长度 40～60 mm）和软胶稠度（长度≥60 mm）。

（4）稻米胀饭性的快速测定

① 配制 1/130 NaOH 溶液。称取 NaOH（分析纯）5 g，溶解于 650 mL 蒸馏水中，即得到 1/130 NaOH 溶液。

② 用已知高直链淀粉和低直链淀粉的稻谷样品各 1 个做对照。另取供试样品若干个，每个取成熟饱满谷粒 20 粒，在小木板上用单面刀片从谷粒的上端 1/4～1/3 处横切，将带胚的一端进行处理。将切取的样品分别放在坩埚中，再把坩埚放在小搪瓷盘中。

③ 每个坩埚中放入 6 mL 浓度为 1/130 的 NaOH 溶液。用吸管吸取

NaOH溶液加入坩埚中，每吸一管注入一个坩埚中，顺序加完各个坩埚后，再重复吸注下一轮，直至每个坩埚中有6 mL左右NaOH溶液为止。每次加入的NaOH溶液量要大体一致，浮在液面上的谷粒要搅沉。

④ 把带有处理样品的坩埚放在40 ℃的恒温箱中1 h。

⑤ 将两对照的谷粒各先夹出2～3粒观察。如果高直链淀粉的对照切面是平的，而低直链淀粉对照的切面呈水晶状膨胀突起时，这时可取出样品进行鉴定。如果未达到此程度，则要继续处理数分钟。

⑥ 样品处理好后，取出倒去碱液，用清水冲洗2～3次，然后进行鉴定。将两对照的谷粒各放在一边，把供试样品放于两对照谷粒之间，逐粒进行观察。可借助放大镜，观察胚乳的膨胀程度。根据表24-3中的鉴定标准，评价样品的胀饭性。

五、作业

1. 测定所提供样品的出糙率、精米率和整精米率，并评价各样品的碾磨品质。

2. 测定所提供样品的米粒形状、大小和垩白性状，并评价各样品的外观品质。

3. 测定所提供样品的直链淀粉含量、糊化温度、胶稠度和胀饭性，并评价各样品的蒸煮品质。

实验二十五　甘薯苗床的建造与育苗技术

一、实验目的

1. 掌握甘薯的繁殖特点及甘薯育苗的技术要点。
2. 了解冷床育苗苗床的建造要点。

二、材料与用具

甘薯苗床现场，不同苗龄的甘薯苗；直尺、天平、放大镜、温湿度计等。

三、内容说明

1. 甘薯的繁殖特点和育苗

甘薯为异花授粉作物，自交不孕，利用种子繁殖时，后代性状不一致，产量低。甘薯块根、茎蔓等营养器官的再生能力较强，并能保持良种性状，所以，生产上多采用块根、茎蔓等无性繁殖，且以块根繁殖为主。

甘薯块根没有明显的休眠期，收获时，在薯块的"根眼"两侧已分化形成不定芽原基，在适当的温度下，不定芽即能萌发。块根萌芽与出苗受内在因素的影响，包括品种、薯块的来源、薯块的大小及部位等。薯皮薄的品种萌芽、出苗较快；薯块顶部萌芽早而多，中部次之，尾部最慢且少；"根眼"多的品种萌芽、出苗较多；夏薯出苗快而多，春薯则相反；经高温处理储藏的种薯出苗快而多，在常温下储藏的种薯出苗慢而少；受冷害、病害、水淹和破皮受伤的种薯出苗慢而少。

甘薯育苗的目标是培育壮苗。壮苗的特征是叶片肥厚，叶色较深，顶叶齐平；节间粗短，剪口多白浆；根原基多而粗大，没有气生根；秧苗不老化又不过嫩，不带病，苗长约 20 cm，春薯苗百株鲜重 600 g 以上。

2. 甘薯冷床的类型

中国北方早春气温较低，采用苗床加温育苗，能延长甘薯生长期，提高产量。我国北方的苗床主要有温床和冷床两种类型。冷床分为露地冷床、露地冷床覆盖塑料薄膜、日光温室冷床 3 种。目前，生产中常用的是露地冷床覆盖塑料薄膜和日光温室冷床。

此类苗床是以太阳能作为热源，不便调节床温、出苗较慢，但秧苗较粗壮。近年来，北方薯区一些育苗大户采用大拱棚内搭小拱棚（图 25 - 1）、日光温室内搭建小拱棚（或覆盖地膜）（图 25-2）的方式进行甘薯育苗，可在一定程度上克服冷床育苗的上述缺点。

图 25-1　大拱棚内加小拱棚冷床育苗（柳洪鹍摄于汶上）

图 25-2　日光温室覆盖地膜冷床育苗（柳洪鹍摄于汶上）

3. 甘薯育苗技术

（1）种薯的处理和排放

① 种薯处理。选择具有本品种特征、无病害、无伤、无冷害和涝害的中等大小薯块。将挑选好的种薯进行温汤浸种或者药剂处理。温汤浸种：将选好的种薯，在 56~57 ℃温水中浸泡 1~2 min 后，将水温调至 51~54 ℃，保温浸泡 10 min。药剂处理：50%的多菌灵兑水 800 倍或 50%的托布津兑水 500倍，浸种 10 min；也可用 50%的多菌灵 1 000 倍液喷在已排好的种薯上。

② 适时育苗。阳畦或小拱棚育苗，当平均气温稳定在 7~8 ℃时，华北中部在 3 月底至 4 月初、南部在 3 月中下旬，可开始育苗。日光温室冷床在春季日平均气温上升到 0 ℃左右时即可开始排种。

③ 配制床土。床土用疏松、肥沃、无病的沙壤土和腐熟好的有机肥，按

照 2∶1 的比例搅拌均匀，填入苗床，床土厚度因苗床类型而异，温床浅些
（10 cm）、冷床厚些（20～25 cm）。填好床土后，再施尿素 30 g/m²。

④ 排放种薯。排薯的方式有平排和斜排 2 种。斜排省苗床，能充分发挥
顶端优势，增加头茬苗数，利于早产栽培，单位面积出苗数多，一般用于酿热
温床。斜排时，要求种薯头尾相压不超过 1/4；分清头尾，防止倒排；大小薯
分排；上齐下不齐。平排薯苗健壮，单位面积出苗率低，一般用于塑料薄膜冷
床（图 25 - 3）。排种密度一般为 20～25 kg/m²。

图 25 - 3　种薯平排（柳洪鹃摄于汶上）

⑤ 浇水、覆盖、盖膜。排完种薯后，用沙壤土填好空隙，浇温水湿透床
土，然后盖沙 5 cm（或者沙壤土 2～3 cm），以盖住薯层不露出薯块为宜。最
后盖膜。

（2）苗床管理（日光温室冷床）

① 前期（排种到出苗，约 20 d）。以保温催芽为主。覆盖 3 层塑料薄膜
（日光温室、小拱棚、地膜）；晚上加草苫或保温被保温；白天揭开草苫或保温
被，利用太阳辐射增温。

② 中期（出苗到采苗前 5～6 d）。平温长芽、催炼结合。出苗后及时去掉
地膜，防止烧苗。温度管理：晚上加草苫保温，白天揭开草苫增温；随着气温
升高，中午前后膜内温度 35 ℃时，要揭膜通风。水分管理：随着苗生长，叶
面积增加，蒸腾加快，一般 7 d 左右浇 1 次小水（用温水），浇水后凉 1～2 h
再盖膜，防止湿度太大，发生气生根。

③ 后期（采苗前 5～6 d 到采苗）。以炼苗为主。温度管理：由两头通风到
全部揭膜，采苗前 3 d 棚内温度降到与气温同。水分管理：采苗前 5～6 d 浇 1
次大水，以后不再浇水，进行炼苗。

④ 采苗后的管理。苗高 20 cm 左右即可采苗。采苗的当天不浇水，以利
于伤口的愈合，防止病菌浸入，第 2 d 浇水且追施尿素 30 g/m²，以促苗生长。

然后盖膜和草苫使床温上升，持续 3~5 d，促苗生长；炼苗 4 d 后采苗。

四、方法与步骤

1. 在教师的引导下，学生参观不同类型的甘薯育苗冷床；观察苗床的结构特点，了解育苗过程中调温、控湿的原理与方法。

2. 测定不同冷床育苗床，在不同管理条件下，苗床不同位置的温度、湿度等。

3. 观察不同苗龄薯苗特征，并数出展开叶片数和节数，测定各个节间的长度、苗高和 100 株薯苗鲜重等，以此评价薯苗素质。

五、作业

1. 评价所观察薯苗的素质。

2. 针对所观察薯苗的素质，提出育苗技术的改进意见。

实验二十六　甘薯品种特征调查

一、实验目的

1. 观察甘薯不同品种、不同器官的特征，了解不同品种的主要形态区别。
2. 掌握品种特征的调查方法。

二、材料与用具

田间栽培的不同甘薯品种；卷尺、游标卡尺、天平、切刀、镰刀、镢头、干燥箱等。

三、内容说明

1. 叶片颜色和形态

（1）顶叶色　分为绿、紫、褐等（栽后 50 d 以后开始调查，下同）。

（2）叶色　分为浅绿、绿、浓绿和紫色等。

（3）叶脉色　分为绿、绿带紫、紫（以顶叶下第 10 节以下的叶片为准）。

（4）叶柄基部颜色　分为绿、绿带紫、紫、褐等。

（5）叶形　按基本叶形分为心脏形、三角形和掌状形（图 26 - 1），按照叶缘可以分为浅裂或深裂、单缺刻和复缺刻。

其中，顶叶色是识别品种的主要特征之一，叶脉色和叶柄基色都是识别品种的标志。

带齿	全缘	深单缺刻	浅单缺刻	深复缺刻	浅复缺刻
心脏形		三角形		掌状形	

图 26 - 1　甘薯的叶形

（江苏省农业科学院等，1984）

2. 茎蔓颜色和形态

（1）分枝数　以茎基部 30 cm 范围内，长度在 10 cm 以上的分枝数表示，并划分为特多（21 个及以上）、多（11～20 个）、中（6～10 个）和少（5 个及以下）4类。

（2）拐子粗　植株基部最粗部位的直径（mm）。

（3）蔓色　分绿、绿带紫、紫、紫红、绿带褐、褐等色。

（4）蔓粗　最长蔓的最粗部位的直径（mm），用游标卡尺实际测量的直径平均值表示，划分为粗（6.1 mm以上）、中（4.1～6.0 mm）、细（4.0 mm）。

（5）蔓长　最长蔓的长度（cm），划分为特长、长、中、短4类，于生长中后期调查，其分类标准：一般春蔓150 cm以下为短；151～250 cm为中；251～350 cm为长；351 cm以上为特长。夏秋薯则每类相应减少50 cm。

（6）茎端茸毛　目测茎端茸毛数量，分多、中、少、无4类。

（7）株型　根据茎叶在空间的分布状况，分匍匐、半直立、直立3种。

3. 甘薯根的类型

（1）纤维根　栽秧后由茎结上的不定根原基长出，纤维根主要分布在30 cm左右的土层内，入土深的可达1 m以上，主要功能是吸收土壤中的水分和养分。

（2）梗根（柴根、牛蒡根）　粗0.2～1.0 cm的肉质根，整条根形状细长、粗细均匀。它是由于根在加粗过程中遇到不良条件（如遇土壤干硬坚实，或者水分过多、土壤透气性差等）而产生，此类根徒耗养分，应控制。

（3）块根　是储藏养料的主要器官，是所要收获的部分（图26-2）。

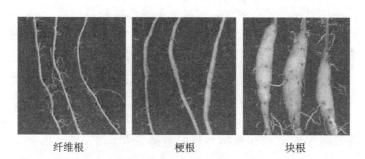

纤维根　　　　　　梗根　　　　　　块根

图26-2　甘薯根的3种形态（Masaru等，2005）

4. 块根颜色和形态

（1）薯块形状　基本形分为球形（长/茎1.5以内）、长纺锤（长/茎3.0以上）、纺锤形（长/茎2.0～2.9）、短纺锤（长/茎1.5～1.9）、圆筒形（各点直径约同）、椭圆形、块状形等（图26-3）。

（2）皮色　分白、黄白、棕黄、黄、淡红、赭红、红、紫红、紫等。

（3）肉色　分白、淡黄、橘黄、橘红、红、紫或带红、带紫晕等色。

（4）根眼　甘薯芽从根眼处发生，根眼在薯块上有5～6个纵列，每个根眼一般有2个以上的不定芽。

纺锤形　　圆筒形　　椭圆形　　　球形　　　块状形

图 26-3　甘薯块根的形状

5. 块根大小、食味和晒干率

（1）薯块大小　按照收获时薯块的重量分为 3 级，<150 g 为小薯，150～500 g 为中薯，>500 g 为大薯。

（2）食味　根据蒸薯的肉质、甜度、香味、纤维和水分等，评定其优劣。按 5 分制评分，5 分表示食味最好。

（3）晒干率　是晒干重占鲜薯重的百分率。

四、方法与步骤

1. 选用不同甘薯品种，观察、记载叶片的颜色和形态。

2. 选用不同甘薯品种，观察、记录茎蔓颜色和形态。

每个品种选取有代表性的植株 10 株，数出分枝数；量取最长蔓的长度；量取最长蔓最粗部位的直径。记录相关数据并求出各指标的平均数。

3. 任意选取 1 个甘薯品种，观察纤维根、梗根和块根的生长位置、形态差异等。

4. 选用不同甘薯品种，观察薯块形状，每个品种选取 5～10 块典型块根，量取膨大最大部位的直径和薯块长度，计算薯块的长/茎，进一步确定薯块形状。

5. 选用不同甘薯品种，观察、记录块根的皮色和肉色。

6. 在不同甘薯品种中，每个品种取连续 10 株的块根，按单个薯块分别称重，计算大、中、小薯率。

$$大（中、小）薯率（\%）=\frac{大（中、小）薯质量（kg）}{薯块总质量（kg）}\times 100$$

7. 选取有代表性的薯块，洗净、蒸熟，由 5～7 人组成品尝小组，对各个品种进行食味评分，求出平均值。

8. 选取有代表性的薯块，切片后混合，随机取样 500～1 000 g（大区实验可取 2 000 g 左右），充分晒干（晒到质量不再减轻）后称重，重复 3～4 次。

按照下式计算晒干率，求平均值。

$$晒干率（\%）=\frac{晒干薯片质量（kg）}{鲜薯片质量（kg）}\times100$$

五、作业

1. 完成表 26-1，比较所调查甘薯品种的形态差异。

表 26-1　甘薯品种特征记录

观察者：　　　　　　　　　　观察日期：

项目	品种 1	品种 2	品种 3	品种 4
叶色				
顶叶色				
叶脉色				
叶柄基色				
叶形				
分枝数				
拐子粗（mm）				
蔓粗（mm）				
蔓长（cm）				
蔓色				
薯块形状				
薯皮色				
薯肉色				
大薯率、中薯率、小薯率（%）				
晒干率（%）				
食味评分				

2. 分析各个甘薯品种的优缺点。

实验二十七　甘薯田间测产方法

一、实验目的

1. 掌握甘薯田间测产的方法。
2. 加深对甘薯块根产量与产量构成因素之间关系的认识。

二、材料与用具

不同产量水平的甘薯田；尺子、天平、切刀、镰刀、镢头等。

三、内容说明

甘薯的产量由单位面积的株数、单株薯块数、单薯重和晒干率 4 个因素构成。甘薯田间测产主要进行实测，一般在收获前进行。甘薯收获一般从地温18 ℃时开始，至地温 12 ℃、气温 10 ℃以上时结束。选择有代表性的地块，数出取样点上甘薯的株数和薯块数，然后将所有块根称重。根据取样面积计算块根产量，同时计算出单株结薯数、单个薯块重等产量构成因素，分析块根产量与各产量构成因素之间的关系。

四、方法与步骤

1. 选取测产点

测产点应具有代表性并尽量均匀分布，其数目要根据地块大小、地形及生长整齐度来确定。一般选取有代表性的测产点 3～5 个，每个测产点的面积 16 m²。

单个测产点范围的确定，先量出 5 行甘薯的总宽度（m），再求出 16 m² 应有的长度，做好标记。

2. 处理秧蔓

确定好测产点的范围后，将薯秧割掉，地上部保留 3～5 cm 长的秧蔓，以便清点株数。

3. 记录株数

数出测样点内总的株数，并记录。

4. 收刨、称重

收刨，数出测产点中薯块（直径大于 2 cm）的总数，并称重，记录质量。

5. 晒干

选取有代表性的薯块，切片后混合，随机取样 500～1 000 g（大区实验可取 2 000 g 左右），充分晒干（晒到质量不再减轻）后称重，重复 3～4 次。按照下式计算晒干率，求平均值。

$$晒干率（\%）=\frac{晒干薯片质量（g）}{鲜薯片质量（g）}×100$$

6. 计算

$$单株结薯数（块）=总薯块数/总株数$$
$$薯块重（g/块）=鲜薯块总质量（kg）×1\,000/总薯块数$$
$$鲜薯产量（kg/hm^2）=鲜薯块总重（kg）×10\,000/16$$
$$薯干产量（kg/hm^2）=鲜薯产量（kg/hm^2）×晒干率（\%）$$

五、作业

1. 选择样点进行测产，并完成甘薯田间测产统计表（表 27-1）。

表 27-1　甘薯田间测产统计表

样点	株数（株）	薯块总数（块）	单株结薯数（块）	薯块重（g/块）	晒干率（%）	鲜薯产量（kg/hm²）	薯干产量（kg/hm²）
均值							

2. 根据甘薯产量构成因素的结果，分析块根产量出现差异的可能原因。

实验二十八　大豆类型识别

一、实验目的

认识大豆各器官的形态特点，识别大豆类型。

二、材料与用具

取无限结荚习性、有限结荚习性、亚有限结荚习性大豆植株标本及具有代表性的大豆幼苗；尺子、镊子、放大镜等。

三、内容说明

1. 大豆形态特征观察

栽培大豆是野生大豆定向培育的结果，属于豆科蝶形花亚科大豆属。大豆的基本特征如下。

（1）根　大豆根属于直根系，由主根、侧根和根毛 3 部分组成。主根是由种子中的胚根伸长而成。侧根是由主根产生的分枝，可以有三、四级等侧根。大豆根系，集中分布在 5～20 cm 的土壤耕层内，根瘤主要着生在这一部分根上。主根可深扎到 120～130 cm 深的土壤中，侧根平行扩展可远达 40～50 cm，大豆的根系基本形态呈倒钟罩形。

（2）根瘤　大豆根瘤是由大豆根瘤细菌在适宜的环境条件下侵入根毛后产生的。根瘤近圆形或卵圆形。初期根瘤为绿色，渐次变成粉红色，发育后期变为褐色。一般直径在 4～5 mm，个别也有直径达 1 cm 左右的。

（3）茎　大豆的茎包括主茎和分枝。茎发源于种子中的胚轴和胚芽。大豆栽培品种有明显的主茎，近圆柱形，稍带棱角，极个别品种粗大扁平。株高30～150 cm，一般 50～100 cm。主茎一般具有 12～20 个节。下部节间短，上部节间长。大豆幼茎有绿色和紫色两种，绿茎开白花，紫茎开紫花。植株成熟时茎呈现出品种固有颜色，有淡褐、褐、深褐、黑、淡紫等。按主茎生长形态不同，大豆可分为蔓生型、半直立型、直立型 3 种。按分枝与主茎、茎与叶柄开张角度大小，大豆株型可分为开张型（>45°）、中间型（45°～15°）和收敛型（<15°）。

（4）叶　大豆属于双子叶植物。大豆叶有子叶、单叶、复叶之分。子叶（豆瓣）出土后，展开，经阳光照射即出现叶绿素，可进行光合作用。在出苗后 10～15 d，子叶所储藏的营养物质和自身的光合产物对幼苗的生长是很重要的。子叶展开后约 3 d，随着上胚轴伸长，第 2 节上先出现 2 片单叶，第 3 节上出生 1 片三出复叶。

大豆复叶由托叶、叶柄和小叶三部分组成。托叶 1 对，小而狭，位于叶柄和茎相连处两侧，有保护腋芽的作用。大豆植株不同节位上的叶柄长度不等，这对于复叶镶嵌和合理利用光能有利。大豆复叶的各个小叶以及幼嫩的叶柄能够随日照而转向。大豆小叶的形状、大小因品种而异。叶形可分为椭圆形、卵圆形、披针形和心脏形等。有的品种叶片形状、大小不一，属变叶型。叶片寿命 30～70 d 不等，下部叶变黄脱落较早，寿命最短；上部叶因出现晚却又随植株成熟而枯死，寿命也比较短；中部叶寿命最长。

除前面提及的子叶、复叶外，在分枝基部两侧和花序基部两侧各有 1 对极小的尖叶，称为前叶，已失去叶的功能。

（5）花 大豆花序为总状花序。大豆的花是由苞片、花萼、花冠、雄蕊和雌蕊等部分组成。苞片是在一朵花下部的 2 个绿色小叶片。花萼在苞片里面，由 5 个萼片组成，基部合成筒形，顶部分成五裂状，呈绿色。花冠在花萼内部，由 1 个旗瓣、2 个翼瓣和 2 个龙骨瓣组成，有白、紫两种颜色。在花冠内部有 10 枚雄蕊，其中 9 枚的花丝连成管状，1 枚分离，花药着生在花丝顶端。雌蕊 1 枚，由 1 心皮组成。雌蕊由球形柱头、弯曲长柱和一室的子房三部分组成，外壁附有表皮毛和腺毛。

（6）荚 大豆的荚由胚珠受精后的子房发育而成。荚的形状有直形、弯镰形和不同程度的微弯镰形。一般栽培品种每荚含 2～3 粒种子，也有 4 粒、5 粒荚。成熟的荚有草黄、灰褐、深褐、黑等颜色的区别。

（7）种子 大豆种子由种皮、子叶和胚组成。种皮是由珠被发育而成的。种皮的外侧有明显的脐。脐的上部有一凹陷小点，称为合点。脐的下端有 1 小孔，称为种孔。当种子发芽时，胚根从种孔伸出。大豆种子形状有圆形、椭圆形、扁圆形、长椭圆形和肾脏形 5 种。栽培品种百粒重多在 14～22 g。大豆种皮色，一般分为黄色、青色、褐色、黑色、双色 5 种。黄色种又可细分为白黄、淡黄、浓黄、暗黄。黄大豆的脐可分为黄、淡褐、褐、深褐、蓝、黑 6 种。黄大豆的子叶为黄色。

2. 大豆的结荚习性

（1）无限结荚习性 无限结荚习性品种的花簇轴很短，主茎和分枝的顶端无明显的花簇。始花后，茎继续伸长，叶继续分生。结荚分散，每节着生 2～5 个荚，多数分布在植株中下部，顶端只有 1～2 个小荚。开花顺序由下向上，由内向外，始花期早，花期较长。主茎上部较下部纤细，分枝细长而强韧。由于节间长，容易倒伏。

（2）有限结荚习性　有限结荚习性品种花簇轴长，在开花后不久，主茎和分枝顶端出现一个大花簇后即不再向上生长，结出一簇好几个，甚至几十个豆荚。豆荚多分布于植株中上部。开花顺序是由上中部开始，逐渐向上、下两端，始花期晚，花期较短。主茎和分枝粗壮，有较强的抗倒伏性。

（3）亚有限结荚习性　介于上述两者之间，植株较高大，主茎较发达，开花顺序由下而上，主茎结荚较多。

四、作业

1. 绘制大豆植株形态图。

2. 取分属于大豆三大类型的几个代表品种，按表 28-1 所列项目，逐项观察记载。最后根据观察结果，确定各品种分别属于哪一类型，并简述 3 种结荚习性品种的主要区别。

表 28-1　大豆品种类型鉴别记载表

年　月　日

项目	品种				
主茎高度（cm）					
分枝平均长度（cm）					
顶端花簇荚数					
上部荚数					
中部荚数					
下部荚数					
百粒重（g）					
主茎特点					
结荚习性					
其他					

实验二十九　食用豆类作物形态特征观察

一、实验目的

学会鉴别主要食用豆类作物的形态特征。

二、材料与用具

豌豆、小扁豆、鹰嘴豆、绿豆、小豆、豇豆等食用豆类作物的标本、种子；尺子、镊子、放大镜等。

三、内容说明

食用豆类作物是人类三大食用作物（谷类、豆类、薯类）之一，在农作物中的地位仅次于谷类。在豆类作物中，主要以收获籽粒作为食用的豆类，统称为食用豆类作物。食用豆类作物的种类很多，大豆是种植面积最大的豆类作物。其他豆类作物不但在生物学特性上有较大差异，而且在植物学形态上也有明显区别。主要食用豆类植物的形态特征比较见表 29 - 1 和表 29 - 2。

表 29 - 1　食用豆类作物幼苗的形态特征

项目	豌豆	小扁豆	鹰嘴豆	绿豆	小豆	豇豆
复叶的小叶片数	≥4，偶数	≥4，偶数	≥4，单数	3	3	3
叶轴顶端有无卷须或刚毛	羽状分枝，无须	小卷须	多具有卷须或少数为刚毛	无	无	无
小叶特点	全缘	全缘	有锯齿	全缘	全缘	全缘光滑无毛
子叶是否出土	不	不	不	是	不	是
颜色	绿色或黄绿色，多覆盖白色蜡粉	浅绿色，有的基部为紫色	暗绿色或蓝绿色，上有茸毛	紫色或绿色，多具有淡褐色硬毛	绿色，少数为紫色，茎无毛	绿色
茎特点	方形或圆形，有直立、蔓生和攀缘型	方形，有棱，有直立、丛生、半蔓生等类型	圆形，直立	有直立、半蔓生、蔓生型	圆形，有直立、半蔓生、蔓生型	以蔓生缠绕类型居多，茎上无卷须

表 29-2　食用豆类作物花、荚和种子的形态特征

项目	豌豆	小扁豆	鹰嘴豆	绿豆	小豆	豇豆
花柱特点	花柱扁，上有长柔毛，向外纵折	花柱扁，上有长柔毛，不纵折	—	花柱有须毛，柱头倾斜	花柱有须毛，柱头倾斜	花柱有须毛，柱头倾斜
花大小	大	大	小	龙骨瓣之一有角	龙骨瓣之一有角	较大，龙骨瓣之一无角
花颜色	白、紫或粉红色	白、淡蓝或紫色	白色或带紫色	黄色或绿黄色	淡黄色或淡银灰色	白色至淡紫色
荚果形状	圆筒形或扁圆筒形	长椭圆形	扁菱形至椭圆形	圆筒形，少有扁圆筒形	长圆筒形，先端稍尖	长圆筒形，顶端厚而钝
荚粒数	2~10粒	1~2粒，少有3或4粒	1~2粒，个别4粒	6~15粒	4~11粒	—
荚果特点	—	荚果小	荚果短、矩形、膨胀	荚较细长，有毛	荚果有毛	荚果无毛
种子特点	近球形，表面光滑或皱缩	种子双凸镜状，较小	种子有皱缩，一端细尖	种脐略平	粒形短圆，脐长不凸出，中部不下凹	有肾形、椭圆形、圆柱形、球形

四、作业

1. 绘制6种豆类作物的叶片和荚果图。

2. 取上述6种食用豆类作物代表品种，按表29-3所列项目，逐项观察，填入表内。

表 29 - 3　食用豆类作物鉴别记载表

年　月　日

项目	豌豆	小扁豆	鹰嘴豆	绿豆	小豆	豇豆
茎颜色						
茎特点						
小叶形状						
复叶小叶数						
子叶是否出土						
花冠颜色						
花柱特点						
荚果形状						
荚粒数						
种皮颜色						
种子形状						
其他						

实验三十　大豆田间测产与室内考种

一、实验目的

学习大豆产量测定的方法，掌握大豆室内考种的内容和方法。

二、材料与用具

皮尺、钢卷尺、托盘天平、电子天平、大田大豆、尼龙种子袋、标签。

三、内容说明

1. 大豆田间测产

大豆的测产有理论测产和实收测产。

（1）理论测产　单位面积株数、单株荚数、每荚粒数和单粒重是大豆产量的 4 个构成因素。理论测产及通过田间调查、测定，获取产量构成的这 4 个因素，一般在大豆籽粒成熟时进行。

（2）实收测产　实收测产在大豆成熟时进行。选择有代表性的田块，先测量田块面积，然后收获该田块的全部大豆，晒干后称重计产。

2. 考种项目与方法

（1）株高　子叶节到植株顶端最后一节的高度。

（2）主茎节数　子叶节到顶端节的数目，不包括子叶节和顶花序的节。

（3）结荚高度　子叶节到最下部豆荚的高度。

（4）有效分枝数　主茎上结荚的分枝数，有效枝上至少 1～2 个节，不计二次分枝。

（5）单株粒重　10 株的豆粒筛去杂质，包括所有未熟粒、虫蚀粒、病粒，计算均重，单位为 g/株。

（6）单株粒数　除未成型的粒以外，所有未熟粒、虫蚀粒、病粒均包括。

（7）单株荚数　有效荚和无效荚之和。

（8）百粒重　随机取出 100 粒完整粒称重，2 次重复，取平均值，以 g 表示。

（9）粒色　分黄、绿、褐、黑、双色。

（10）脐色　分黄、淡褐、褐、深褐、蓝、淡黑、黑。

（11）粒形　分圆、扁圆、椭圆、扁椭圆、长椭圆、肾形。

（12）光泽　分强、微、无。

（13）荚色　灰褐、黄褐、褐、深褐、黑。

（14）虫食率　从未经粒选种子中随机取 1 000 粒（单株考种取 100 粒），挑出虫食率。

四、方法与步骤

1. 理论测产

（1）根据田块大小，选取 3～5 个有代表性样点，作为测产样点。注意避开地头和边行。样点面积以 2 m² 为宜。

（2）连续测量 11 行的距离，分别除以 10，计算出平均行距（m）。依据平均行距，计算临近 2 行的 2 m² 的行长与平方米株数。

（3）连续测定 10 株的株粒数，相加除以 10 计算出平均株粒数。

（4）产量计算。以该品种常年百粒重计算理论产量，90％折后为测产产量。产量计算方法：

$$大豆测产产量（\text{kg/hm}^2）=\frac{株数（株/\text{hm}^2）×株粒数×百粒重（\text{g}）×0.9}{1\,000×100}$$

2. 单株性状调查

（1）每样点选取代表性的植株 10 株，测定表 30-1 中各指标。

（2）把 10 株大豆带入实验室风干，测定表 30-2 中各指标。

表 30-1　大豆植株形态指标

株号	株高 (cm)	茎粗 (cm)	分枝数	主茎节数	主茎节间长度（cm）	结荚高度 (cm)
1						
2						
…						
9						
10						
平均						

表 30-2 大豆豆荚相关指标

株号	单株荚数	单株粒数	单株粒重	粒荚比	百粒重（g）	虫食率（%）	病粒率（%）
1							
2							
...							
9							
10							
平均							

五、作业

1. 根据测产和考种结果，说明不同品种或不同处理大豆田产量构成的主要差异。

2. 说明不同产量水平大豆成熟期植株性状的差异。

实验三十一　黍类禾谷类作物形态特征观察与识别

一、实验目的

了解黍类禾谷类作物的形态特征及其与生产有关的重要生物学性状，观察它们在苗期形态特征上的差异，观察花器构造的异同。

二、材料与用具

玉米、高粱、粟类作物的种子，幼苗及植株，高粱和粟类作物的穗；镊子、尺子、放大镜、解剖刀。

三、内容说明

1. 禾谷类作物的分类

禾谷类作物属于禾本科（Gramineae）中的 8 个主要属，它们是小麦属（*Triticum*）、大麦属（*Hordeum*）、燕麦属（*Avena*）、黑麦属（*Secale*）、稻属（*Oryza*）、玉米属（*Zea*）、高粱属（*Sorghum*）、粟属（*Setaria*），而每个属中又分为若干种，种内又可分为若干变种及品种。因此，它们的种类繁多，但在形态特征和发育上有许多共同点。通常将它们分为两大类，这两类在形态学、生物学和经济性状上又彼此不同。

第 1 类：小麦、大麦、黑麦、燕麦等麦类作物。

第 2 类：玉米、高粱、稻、粟等黍类作物。

2. 玉米的形态特征

玉米的根系是须根系，由胚根和节根组成。

胚根又称初生胚根或种子根，只有 1 条。节根着生在茎的节间居间分生组织基部，生在地下茎节上的称为地下节根（次生根），生在地上茎节上的称为地上节根（气生根、支柱根）。节根在植物学上称为不定根。在胚根生出 1～3 d 后，在中胚轴基部（即着生胚芽鞘的节间），盾片节（内子叶）的上面长出 3～7 条幼根（次生胚根），这层根实际上为玉米的第一层节根。

玉米的茎直立，高 1～5 m，因品种而异，地下节 3～9 节，地上节数有 6～30 节。上部节间圆形，下部节间略呈扁圆形而节间较叶鞘短，每一节间靠叶之一面有一侧沟。玉米一般品种分蘖力较弱，且分蘖多不能结成果穗或结穗发育不良，群众多进行"除蘖"。以青饲料为栽培目的时，以多分蘖为好，有少数品种分蘖性强而分蘖亦能结实。玉米茎的节间为髓所充实，幼嫩时多汁，并含有 5‰ 的糖分。

玉米的叶在茎上互生排列成两行，有短而宽的叶舌，而无叶耳，叶表面有茸毛（基部 1～5 叶无茸毛），表皮角质层较厚，近中脉两旁有许多泡状细胞能因水分多少而使叶平展或向内卷缩。

玉米和其他禾谷类作物的最大不同点在于，它雌雄同株而异花。玉米雄花序为圆锥花序，位于主茎之顶，其大小形状、色泽，因类型而不同。雌花序（果穗）为肉穗花序，着生在植株中部枝梗（亦称果穗柄）的上端，此枝梗节间很短，每一节生单叶，通常缺少叶片或叶片很短，由于枝梗的节互相密接，叶鞘互相重叠而形成苞叶。

玉米果穗的大小与形状因品种及栽培条件而异，最长的可达 30 cm 以上，最短的仅 10～15 cm，穗粗 4～5 cm，大部分品种的果穗呈圆柱形或近圆锥形，有时果穗基部分枝成为分枝果穗，果穗轴内部的颜色一般可分红、白 2 种。

玉米的果实为颖果，由胚、胚乳、果皮及种皮等几部分组成，形状和颜色因类型品种而有不同，一般有白、黄、红、紫、蓝、褐和黑等颜色，籽粒基部有花柄的遗迹，顶端一小黑点为花柱遗迹。

3. 高粱的形态特征

（1）形态特征　高粱是禾本科高粱属的一年生植物，根系十分发达，深度可达 150～170 cm，幅度在 120 cm 左右，纤维根比玉米多 1 倍，这是高粱抗旱性强的原因之一。

茎直立，呈圆筒形，较玉米为细长，茎秆表面具有蜡质，茎高因品种而异，矮者 1.00～1.33 m，高者达 5 m 以上，一般为 2.33～3.00 m，具节 8～14 个，节间上长下短，节间有较浅的纵沟，茎内有髓，含有糖分较高，有 10‰～18‰。

高粱的分蘖力较玉米强，一般有 1～2 个，多的可达 5～8 个，分蘖的数目以甜高粱与饲料高粱较多。

叶互生，叶鞘包于茎节上，叶面光滑无毛。叶缘略有皱褶，中脉发达，呈白色或绿色，一般糖用、饲用或糖饲兼用种的中脉，多呈绿色。叶面积仅有玉米的一半，叶舌短，长 1～3 mm，叶片的长度为 30～60 cm，宽 5～10 cm。高粱和玉米叶片的主要形态区别见表 31-1。

花为圆锥花序，穗轴的长短因品种而异。

着生在小穗梗上的小穗是成对的，组成小穗群，但在小穗梗的顶端生有 3 个小穗。成对的小穗群，1 个是有柄的小穗，1 个是无柄的小穗。3 个小穗组成的小穗群，中央 1 个是无柄的小穗，旁边 2 个是有柄的小穗。无柄的小穗具有结实的小穗花,这种小穗具有 2 个护颖。在外面的是第 1 护颖,光亮而厚,革质。第 2 护颖,边缘基部包在第 1 护颖之内。在第 1、2 护颖之间有小穗花 2 朵,一朵结实花,位在上面,具有内外颖各一,外颖的背部带芒,内颖退化,形状甚小,或完全没有。结实花在内外颖之中有雄蕊 3 枚,雌蕊 1 枚,花柱甚短,羽状柱头 2 枚。在子房基部有鳞片 2 枚。另一个小花位于下面,为退化花,仅留 1 膜质外颖。有柄小穗又称为退化小穗,较结实小穗的形状狭窄,亦有 2 朵花,外围包围有 2 个护颖。位在上方若为雄性花通常具有雄蕊与外颖,外颖顶端有时生有短芒,而无雌蕊和内颖;位在下方者只具有外颖 1 片。高粱的颖壳颜色有黑、红、黄、灰、褐等。

表 31 - 1 高粱和玉米叶片的主要形态区别

高粱叶片	玉米叶片
厚而狭小	薄而宽大
叶基小	叶基大
中脉青白、界限较明显、脊低	中脉带黄绿、界限不够明显、脊高
叶面无毛	叶面有毛
叶缘褶皱的程度较弱	叶缘褶皱的程度较强

果实为颖果:颖果由果皮、种皮、胚及胚乳四部分组成,籽粒成卵形、圆形或椭圆形,粒色可分暗褐、橙红、淡黄或白色等,前 3 种颜色的种子含单宁成分较多,胚乳分角质与粉质 2 种,种子有糯性与非糯性之别。胚较大,籽粒顶部具有花柱的遗迹,每穗有籽粒 1 500～4 000 个。籽粒因裸露程度的不同可分为 5 种:带壳不露出、微露(露出 1/3)、中等裸露(露出 1/2)、芒裸露(露出 2/3～3/4)、完全裸露。

(2) 高粱栽培种的分类 高粱栽培种按穗形可分为散穗高粱、密穗高粱。高粱按用途可分为食用高粱、糖用高粱、帚用高粱和牧草用高粱(苏丹草)。

4. 粟类作物的形态特征

粟类作物不是植物学上的自然种类,而是包括粟属、稗属、狼尾草属和蟋蟀草属等若干一年生禾谷类作物和牧草,习惯上将这些具有较小籽粒、茎叶和根系等许多性状上比较接近的作物,称为粟类作物。现在栽培的粟类作物,主要有以下 5 种。

(1) 粟(谷子) 根系强大发达,深入土层可达 1.0～1.5 m,但大部分分布在 10～15 cm 的耕作层中。

茎圆柱形,直立,中空,株高 60～150 cm,地上部有 10～15 节,茎色因品种不同而异,一般常见的有绿色和紫色 2 种,每株分蘖数为 1～3 个,多者可达 10 个以上，以饲料为栽培目的时，多采用分蘖力强的品种。

叶线状披针形，先端尖锐，叶面粗糙，生有褐色细毛，叶面长 35～40 cm，宽 2～3 cm，主脉一条，侧脉 12～13 条，叶鞘较节间为长，叶舌短，无叶耳，叶色可分深绿、紫和淡紫。

花属复总状花序，穗长 15～40 cm，穗形因穗枝梗的长短和小穗着生的疏密可分为圆筒形、纺锤形、棒形、猫蹄形和佛手形等不同形状。

穗轴上着生第 1 次枝梗，第 1 次枝梗上再分第 2 次枝梗，第 2 次枝梗上又分生第 3 次枝梗。小穗梗上一般有刚毛 1～4 条，刚毛的长短因品种而异。

小穗圆球形，具有膜质护颖 2 枚。第一护颖较小，其长度仅为小穗的 1/3，呈椭圆形，先端尖锐，有脉 3 条。第 2 护颖较大，其长度约与其小穗相等，呈卵形，有脉 5 条。护颖呈淡绿色或淡紫色，一个小穗有两朵小花，靠近第 1 护颖的为不结实花，仅有内外颖，其外颖较大，内颖甚小。结实花位于第 2 护颖的内侧，其外颖硬而有光泽，内颖较软，颖内有鳞片 2 枚，雄蕊 3 枚，雌蕊 1 枚，子房呈椭圆形，柱头分成羽毛状。

果实内外颖紧包于籽粒之外，因品种不同而呈黄、青白、淡黄、橙、红、淡红、褐和黑等颜色。胚乳有糯性或非糯性两种。

粟的千粒重：大粒种在 2.9 g 以上，中粒种在 2.1～2.99 g，小粒种在 2.19 g 以下。

（2）黍稷　黍稷的根群比粟粗大，叶较宽、叶舌短、叶鞘生有茸毛，分蘖力强，易倒伏，花序圆锥形，小穗的构造与粟相仿，小穗梗上无刚毛，千粒重 4.25～5.5 g，成熟时，外壳呈黄色、橙褐色或黄褐色。黍稷同种，籽粒糯性者为黍，非糯性者为稷。

（3）蜡烛稗　蜡烛稗又名珍珠米，茎高大，有髓，叶舌短，总状花序，穗圆筒形，似蜡烛，小穗茎上密生茸毛，小穗护颖 2 个，短小呈膜状，每小穗具 2 花，1 朵结实，1 朵不能结实（雄性花）。结实花有内外颖各 1 片，雄蕊 1 个，花柱较长，无鳞被。不结实花有内外颖和雄蕊，缺雌蕊。籽粒椭圆形，千粒重 7 g 左右。

（4）龙爪稷　龙爪稷株高约 1.3 m，秆扁平，分蘖力强，易倒伏，叶片狭长，叶舌薄膜状，无叶耳、穗状花序，穗形爪状，小穗扁平，每一穗有花 5 朵，但不一定能完全结实，籽粒小而圆，千粒重 2.6 g 左右。

四、作业

1. 绘制出 4 种黍类禾谷类作物叶的形态图。

2. 取出 4 种黍类禾谷类类作物植株的实验材料，观察比较其植株、花序、籽粒的形态特点。

实验三十二　烟草形态与类型观察和识别

一、实验目的

通过观察烤烟茎、叶等器官构造与形态，建立对烟草初步的感性认识；观察掌握不同类型烟草的形态特征并能识别。

二、材料与用具

种植有烤烟、晒烟、香料烟的标本地或者盆栽场；卷尺、软尺。

三、内容说明

观察烤烟植株形态及茎、叶等器官特征；观察烤烟、晒烟、香料烟等不同类型烟草的外观特征，并能描述。主要有如下性状。

（1）株形　现蕾期植株生长形态，包括橄榄形、筒形、塔形。

（2）株高　自垄背或地表至第 1 青果柄基部的高度。

（3）茎围　株高 1/3 处茎的周长。

（4）节距　株高 1/3 处测量上下各 5 个叶位（共 10 个节距）的平均长度。

（5）叶数　植株基部至中心花以下第 5 花枝处着生叶片数。

（6）叶长　植株中部最大叶，自茎叶连接处至叶尖的直线长度。

（7）叶宽　植株中部最大叶，与主脉垂直的叶面最宽处的长度。

（8）叶柄　叶柄与茎连接处至叶基部的长度。

（9）叶形　根据叶片的长宽比例以及叶片最宽处的位置确定。

① 宽椭圆形。叶片最宽处在中部，长宽比（1.6～1.9）：1。

② 椭圆形。叶片最宽处在中部，长宽比（1.9～2.2）：1。

③ 长椭圆形。叶片最宽处在中部，长宽比（2.2～3.0）：1。

④ 宽卵圆形。叶片最宽处在基部，长宽比（1.2～1.6）：1。

⑤ 卵圆形。叶片最宽处在基部，长宽比（1.6～2.0）：1。

⑥ 长卵圆形。叶片最宽处在基部，长宽比（2.0～3.0）：1。

⑦ 心脏形。叶片最宽处在基部，叶基近中脉处呈凹陷状，长宽比（1～1.5）：1。

⑧ 披针形。叶片最宽处在基部，长宽比 3 倍以上。

（10）叶片腺毛　腺毛是烟叶表面具有分泌功能的附属器官，普遍认为芳香物质来源于叶片表面的腺毛及腺毛的分泌物，腺毛的数量多，相应芳香物质含量就多，香气足品质好；反之，烟叶香气差。通过触摸叶片判断不同类型烟草的腺毛密度，形成对烟草芳香性的初步判定。

（11）花序密度　50％植株盛花时期，采用目测法，观察花序的松散或者密集程度。

（12）花序形状　50％植株盛花时期，采用目测法，观察花序的着生形状（球形、扁球形、倒圆锥形、菱形）。

四、方法与步骤

分别观察测量烤烟、晒烟、香料烟的植株高度，然后观察和比较三者的茎、叶、花等植物学特征的差异，并做好记录。

五、作业

描述不同类型烟草的外观特征。

实验三十三　烟草主要栽培技术与烤烟生长分析

一、实验目的

通过设置种植密度、光照强度等栽培技术实验，田间调查测定烤烟的生长动态，使学生掌握烤烟田间生长发育动态调查的基本方法；初步了解主要栽培技术措施对烟叶产量、质量形成的影响。

二、材料与用具

肥料、遮阳棚、LED灯、钢卷尺、量角器、烘箱、天平。

三、内容说明

1. 实验设计

设置种植密度、光照强度等单因素或多因素实验，每个因素设置2～3个水平，其他生产管理措施与常规生产相同。

2. 田间调查

（1）分别于移栽后30 d、团棵期、现蕾期进行田间取样、室内测定不同栽培技术措施处理的烤烟根系生长，调查项目包括根鲜重、根干重；随机定点测定茎、叶生长，调查项目包括单株叶片数、单株叶面积、茎围、开展度等。

（2）于烟叶成熟期计算单位面积所产原烟烟叶的重量；计算单位面积上等烟（中等烟）产量占总产量的比率。

① 叶长。植株中部最大叶，自茎叶连接处至叶尖的直线长度。

② 叶宽。植株中部最大叶，与主脉垂直的叶面最宽处的长度。

③ 叶面积。叶长×叶宽。

④ 茎围。株高1/3处茎的周长。

⑤ 叶片基角。茎秆和叶片平直部分的夹角。

⑥ 开张角。叶耳至叶尖的连线与茎秆的夹角。

⑦ 烟叶分级。依据烟叶部位、基本色、分级因素、均匀度、基准等分级。

四、方法与步骤

1. 实验设计

查阅相关文献，合理确定试验设计。

2. 烤烟移栽与实验处理

移栽的早晚和质量对烤烟的产量和质量影响很大，当烟苗长到 6～8 片真叶后要及时移栽。根据实验设计精确进行实验处理，并做好田间防虫防病。

3. 田间调查。

4. 数据分析，评价栽培技术措施对烤烟生长、质量和产量的影响。

五、作业

论述烤烟高产优质的栽培学途径。

实验三十四　作物生产潜力估算

一、实验目的

了解利用作物生活要素逐步订正法进行作物生产潜力分析的思路和方法，学会分析主要作物的生产潜力及限制因素。

二、材料与用具

待估算地区的气候、土壤、肥料、生产技术和社会经济资源等方面的基础资料。

三、内容说明

作物生活要素逐步订正法的基本原理是根据科学实验数据，分析作物生产力形成与其生活要素，如光、温、水、土壤、肥料等的函数关系，然后计算假设其他诸要素完全满足时，某一要素所具有的生产潜力。如在假设温度、降水、肥料、土壤等条件完全满足作物生长的条件下，某地光资源具有的潜力称为光合潜力，除光和温度以外的其他条件完全满足时的潜力称为光温生产潜力，依此进行逐步订正，每订正 1 次，增加 1 个订正因素。该方法虽属经验，但考虑较周全，运用中只要结合实际进行必要的订正，估算结果有较大的参考价值。常估算的生产潜力有光温生产潜力和水分生产潜力。

1. 作物光温生产潜力估算

作物光温生产潜力是指选用最适应其生长环境的高产品种，并假定光照、温度以外的其他因素都十分理想的状况下，根据当地该作物生长期内的辐射强弱与温度高低等估算的生产潜力。

2. 作物水分生产潜力估算

由于降水季节分配及水量的不足，且灌溉农区也常因灌溉水量不足或供水时间与作物需水时间不相吻合，作物实际潜力还受水分影响。在作物水分生产潜力估算中，除内陆旱灌溉农区外，不论旱作农田或灌溉农田均应以降水为估算基础，进一步判明不同供水条件下的农田水分效益。

四、方法与步骤

1. 作物光温生产潜力估算

（1）估算公式

① 当作物干物质生产率（y_m）（每小时每公顷生产量）＞20 kg 时：

$$y_{mp} = CL \times CN \times CH \times G \times [F \times (0.8 + 0.01 \times y_m) \times y_0 + (1-F) \times (0.5 + 0.025 \times y_m) \times y_c]$$

② 当作物干物质生产率（y_m）（每小时每公顷生产量）≤20 kg 时：

$$y_{mp} = CL \times CN \times CH \times G \times [F \times (0.5 + 0.025 \times y_m) \times y_0 + (1-F) \times (0.05 \times y_m) \times y_c]$$

式中：

y_{mp}——作物的光温生产潜力（kg/hm²）；

CL——叶面积指数对产量的校正值；

CN——净干物质生产量的校正值；

CH——收获指数；

G——作物的总生育期（d）；

F——云层覆盖率（%）；

y_m——一定气候条件下最大干物质生产率 [kg/(hm² · h)]；

y_0——一定地区，作物在全阴天情况下总干物质生产率 [kg/(hm² · d)]；

y_c——一定地区，作物在全晴天情况下总干物质生产率 [kg/(hm² · d)]。

（2）估算过程

① 叶面积指数对产量的校正值（CL）。在一定范围内，叶面积指数与作物生产率呈正相关。对于作物的总干物质生产率来说，是以假定叶面积指数（LAI）＝5 来估算的。因此，当叶面积指数小时，必须使用校正值（表 34 - 1）。对某作物进行光温生产潜力估算时，根据该作物在当地可能达到的最大叶面积指数，查表 34 - 1 得校正值。我国北方地区密播的越冬作物或早春播种的夏熟作物，CL 应增加 0.1。

表 34 - 1　不同叶面积指数条件下作物生长量的校正值

叶面积指数	1	2	3	4	5
校正值	0.2	0.3	0.4	0.48	0.5

② 净干物质生产量的校正值（CN）。为了维护干物质生产，作物在生长过程中也需要消耗一定的能量。只有除此之外的能量，才用来促进作物生长。冷凉时（平均温度＜20 ℃）校正值为 0.6。温暖时（平均温度＞20 ℃）为 0.5。我国北方地区的越冬作物或早春播种的夏熟作物 CN 为 0.6～0.7 为宜。

③ 收获指数（CH）。收获部分与总干物质的比率即为收获指数，各种作

物的收获指数折算见表34-2。密播的谷类作物宜取上限值。

表34-2　高产品种在灌溉条件下的收获指数

作物	产品	收获指数
冬小麦	籽粒	0.35～0.45
水　稻	谷粒	0.4～0.5
蚕　豆	籽粒	0.25～0.35
花　生	籽粒	0.25～0.35
马铃薯	块茎	0.55～0.65
棉　花	皮棉	0.08～0.12
甘　蔗	糖	0.20～0.30
玉　米	籽粒	0.40～0.50
高　粱	籽粒	0.30～0.40
豌　豆	籽粒	0.30～0.40
大　豆	籽粒	0.30～0.40
甜　菜	糖	0.35～0.45
苜　蓿	第1年干草	0.4～0.5
	第2年干草	0.8～0.9

④ 作物的总生育期（G）。不同地区、不同作物正常播种到成熟所需天数。山东小麦播种期为10月上旬，夏玉米的播种期和收获期分别为6月上中旬和9月下旬，棉花分别为4月中旬和11月上旬。

⑤ 一定条件下最大干物质生产率（y_m）。最大干物质生产量取决于作物种类与生长期间的温度（表34-3）。

表34-3　不同作物种类及不同温度条件下的最大干物质生产量 $[\mathrm{kg/(hm^2 \cdot h)}]$

作物类型	生育期间平均温度（℃）								
	5	10	15	20	25	30	35	40	45
第Ⅰ类耐寒作物	5	15	20	20	15	5	0	0	0
第Ⅰ类喜温作物	0	0	15	32.5	35	35	32.5	5	0
第Ⅱ类耐寒作物	0	5	45	65	65	65	45	5	0
第Ⅱ类喜温作物	0	0	5	45	65	65	45	5	0

注：第Ⅰ类耐寒作物：紫花苜蓿、蚕豆、甘蓝、豌豆、马铃薯、甜菜、小麦；第Ⅰ类喜温作物：棉花、水稻、花生、大豆、向日葵；第Ⅱ类耐寒作物：一些玉米、高粱品种；第Ⅱ类喜温作物：玉米、高粱、甘蔗（适用于我国）。

⑥ 云层覆盖率（F）。云层覆盖率与日照百分率、短波有效辐射量（R_e）和实际测得的辐射量（R_g）有关，计算公式为：

$$F = (R_e - 0.5R_g)/0.8R_e$$

F 可根据所在地区的气象资料直接进行计算。山东省小麦生长期间的云层覆盖率在 0.43～0.45，玉米在 0.48～0.50，棉花在 0.46～0.49。

y_0 由表 34 - 4 查得。y_c 由表 34 - 4 查得。

表 34 - 4　不同纬度各月的 y_c、y_0 值 $[\text{kg}/(\text{hm}^2 \cdot \text{d})]$

纬度		月份											
		1	2	3	4	5	6	7	8	9	10	11	12
30°	y_c	291	333	385	437	471	439	483	456	412	356	299	269
	y_0	137	168	200	232	251	261	258	243	216	182	148	130
40°	y_c	218	283	353	427	480	506	497	455	390	314	241	204
	y_0	99	137	178	223	253	268	263	239	200	155	112	91
50°	y_c	180	257	343	432	501	535	523	470	388	295	206	162
	y_0	74	121	171	227	265	285	278	248	198	143	90	65
37°09′ 平原县	y_c	239	297	368	430	478	487	493	455	396	326	258	223
	y_0	110	146	185	226	253	267	262	240	205	133	123	102

2. 作物水分生产潜力估算

作物降水生产潜力是以肥力、品种、栽培技术等不成为降水利用中的制约因素为估算基础。具体估算步骤与方法如下。

（1）资料收集

① 气候资料。对估测年份的有关气象资料逐月按旬列出，如气温（℃）、降水量（P）等，计算可能的蒸腾蒸发量（PET）。

② 作物资料。作物生长期，各生育阶段及其天数，品种物候期观测等。作物需水系数（K_c）为作物不同生育阶段需水量（ET_m）与可能蒸腾蒸发量的比值（$K_c = ET_m/PET$），由实验测得或查表 34 - 5。作物的产量反应系数（K_y）为作物不同生育阶段缺水对产量的影响系数（表 34 - 6）。

③ 土壤资料。田间最大持水量至凋萎点之间的土壤有效水分储量（Sa）。结合作物根系入土深度求得。通常以播前若干旬的降水量（$\sum P$）与可能蒸腾蒸发量（$\sum PET$）的差额作为土壤有效水分储量，即：

$$Sa = \sum P - \sum PET$$

可能蒸腾蒸发量的计算以彭曼法较适合我国复杂的气候条件，其考虑了影响蒸腾蒸发量的多种因子，包括辐射量、日照、相对湿度、气温、风速、估测地点的纬度和海拔等因素。

表 34 - 5　不同作物各生育阶段需水系数（K_c）

作物	作物生育阶段					全生育期
	始期	发育期	中期	后期	收获期	
棉　花	0.40～0.50	0.70～0.80	1.05～1.25	0.80～0.90	0.65～0.70	0.80～0.90
玉　米	0.30～0.50	0.70～0.85	1.05～1.20	0.80～0.95	0.55～0.60	0.75～0.90
水　稻	1.10～1.15	1.10～1.50	1.10～1.30	0.95～1.05	0.95～1.05	1.05～1.20
高　粱	0.30～0.40	0.70～0.75	1.00～1.15	0.75～0.80	0.50～0.55	0.75～0.85
大　豆	0.30～0.40	0.70～0.80	1.00～1.15	0.70～0.80	0.40～0.50	0.75～0.90
冬小麦	0.30～0.40	0.70～0.80	1.05～1.20	0.65～0.75	0.20～0.25	0.80～0.90
马铃薯	0.40～0.50	0.70～0.80	1.05～1.20	0.85～0.95	0.70～0.75	0.75～0.90
甜　菜	0.40～0.50	0.75～0.85	1.05～1.20	0.90～1.00	0.60～0.70	0.80～0.90
花　生	0.40～0.50	0.70～0.80	0.95～1.10	0.75～0.80	0.55～0.60	0.75～0.80
甘　蔗	0.40～0.50	0.70～1.00	1.00～1.30	0.75～0.80	0.50～0.60	0.85～1.05
豌　豆	0.40～0.50	0.70～0.80	1.05～1.20	1.00～1.15	0.95～1.10	0.80～0.95
苜　蓿	0.30～0.40	—	—	—	1.05～1.20	0.85～1.05

表 34 - 6　作物的产量反应系数（K_y）

作物	营养生长期			开花期	产量形成期	成熟期	全生育期
	初期	后期	平均				
冬小麦			0.20	0.60	0.50		1.00
玉　米			0.40	1.50	0.50	0.20	1.25
高　粱			0.20	0.55	0.45	0.20	0.90
水　稻			0.20	0.80			
大　豆			0.20		1.00		0.85
马铃薯	0.45	0.80			0.70	0.20	1.10
花　生			0.20	0.80	0.60	0.20	0.70
甘　蔗			0.75		0.50	0.10	1.20
豌　豆	0.20			0.90	0.70	0.20	1.50
苜　蓿			0.70～1.70				0.70～1.70
春小麦			0.20	0.20.65	0.55		1.15
谷　子			0.20	0.60	0.50	0.30	

（2）计算步骤

① 计算各旬作物需水量（ET_m，mm/旬）。

$$ET_m = K_c \times PET$$

② 作物实际耗水量（ET_a，mm/旬）和土壤有效储水量（Sa）。ET_a 指在水分供应特定数量的情况下，作物实际得到的水量（mm）。Sa 指在作物实际消耗一部分水量后，土壤储存的有效量（mm），按生育阶段列出，计算方法如下。

当本旬降水量（P）＋上一旬有效储存量（Sa）≥ET_m 时，则 $ET_a = ET_m$，本旬末的土壤有效水分储存量 $Sa = P +$ 上一旬 $Sa - ET_m$。

当本旬降水量（P）＋上一旬有效储存量（Sa）＜ET_m 时，则 $ET_a = P +$ 上旬 Sa，本旬末土壤有效水分储存量（Sa）＝0。

③ 播前土壤有效水分储存量（Sa）。

$Sa =$ 播前 N 旬降水量总和 $- K \times$ 播前 N 旬可能蒸腾蒸发量的总和

N 与 K 的取值由具体作物及作物的季节搭配而定。一般选播种以前 3 个旬来计算土壤水分储存量（即 $N = 3$），取 $K = 0.1$。

当 $Sa < 0$ 时，记为零。

④ 计算各生育阶段的需水满足率（V）。

$$V(\%) = \frac{\text{生育期间各旬实际耗水量总和}(\sum ET_a)}{\text{生育期间各旬作物需水量总和}(\sum ET_m)} \times 100$$

⑤ 计算作物不同生育阶段产量降低率（u）。

$$u(\%) = K_y \times (1 - \frac{ET_a}{ET_m}) \times 100$$

⑥ 计算各生育阶段产量指数（I_y）。

$$I_{yi+1} = I_{yi} \times (1 - u_{i+1}) \times 100$$

由此可算得各生育阶段的产量指数：

$$I_{y1} = (1 - u_1) \times 100$$
$$I_{y2} = I_{y1}(1 - u_2) \times 100$$
$$I_{y3} = I_{y3}(1 - u_3) \times 100$$

式中，I_{y1}、I_{y2}、I_{y3}——营养生长阶段、生殖生长阶段和灌浆成熟阶段的产量指数。u_1、u_2、u_3 分别是 3 个生育阶段的产量降低率（％）。

⑦ 计算在自然降水条件下（无灌溉条件）的作物实际产量 Y。

$$Y = y_{mp} \times I_{y3}$$

式中，y_{mp} 为农田作物光温生产潜力。

灌溉农田根据各阶段导致产量下降的缺水量设计灌溉方案，旱作农田则以降水条件下作物最终的实际产量作为作物降水生产潜力。

五、作业

1. 根据山东省平原县的气候资料（表34-7），计算小麦、玉米、棉花的光温生产潜力，完成表34-8。

表34-7　平原县气候资料（台站纬度37°09′，海拔高度21.8 m）

项目		1月	2月	3月	4月	5月	6月	7月	8月	9月	10月	11月	12月
气温 （℃）	平均	−3.4	−0.8	6.2	13.6	20.4	25.5	26.7	25.6	20.3	14.0	5.7	−1.2
	上旬	−3.3	−2.9	3.2	10.7	18.5	24.3	26.3	27.0	22.3	15.9	8.9	0.6
	中旬	−3.6	−0.5	6.4	14.5	20.5	25.3	26.9	25.5	20.5	14.1	6.0	−1.1
	下旬	−3.3	−0.3	8.4	16.0	22.4	26.6	27.0	24.5	18.5	11.7	2.4	−3.0
降水量 （mm）	平均	3.1	6.6	7.9	34.9	33.7	57.9	209.1	136.3	49.2	31.9	16.3	4.6
	上旬	0.4	1.6	3.8	7.6	9.4	15.9	42.1	56.8	16.5	11.9	8.3	1.6
	中旬	0.5	2.3	1.3	13.0	16.4	15.2	71.7	43.3	17.2	10.7	4.3	1.6
	下旬	2.3	2.8	2.8	14.2	7.9	26.7	95.3	36.2	15.6	9.3	3.7	1.3
月平均最 高气温（℃）		−1.3	2.8	8.2	15.8	24.4	27.3	28.3	26.9	30.7	15.8	8.1	1.7
月平均最 低气温（℃）		−5.7	−5.5	3.7	11.4	18.3	23.8	25.2	24.0	19.2	12.3	3.6	−5.8
月平均相对 湿度（%）		60	61	57	51	52	55	75	79	70	67	69	67
月平均风 速（m/s）		3.5	4.0	4.5	4.9	4.3	4.0	3.2	2.5	2.6	2.8	3.6	3.4
日照百分 数（%）		60	60	57	54	63	67	55	65	58	62	60	61
PET （mm/d）		0.69	1.19	2.34	4.03	5.43	6.26	4.64	3.58	2.78	1.88	0.87	0.47

表34-8　作物光温生产潜力计算表

项目	小麦	玉米	棉花			
CL	0.6	0.5	0.5			
CN	0.65	0.5	0.5			
CH	0.45	0.5	0.12			
G	256	123	204			

（续）

项目	小麦	玉米	棉花		
y_m	20	65	65		
F	0.43	0.49	0.47		
y_0					
y_c					
y_{mp}					

2. 计算自然降水条件下，平原县小麦、玉米的产量，即水分生产潜力（完成表 34-9）。

表 34-9 作物水分生产潜力计算表

项目	小麦生长前期	小麦生长中期	小麦生长后期	玉米生长前期	玉米生长中期	玉米生长后期
降水量（mm）						
可能蒸腾蒸发量（mm）						
作物需水系数	0.35	1.125	0.7	0.4	1.13	0.88
作物需水量（mm）				71.144	185.772	73.022 4
作物实际耗水量（mm）						
土壤有效储水量（mm）						
ET_a/ET_m						
产量反应系数	0.2	0.6	0.5	0.4	1.5	0.5
产量降低率（％）						
产量指数						
阶段缺水量（mm）						

实验三十五 作物生长分析

一、实验目的

作物生长分析就是定量研究作物光合产物生产与积累及在各器官中分配情况的一种方法，在科研和生产中较为常用。通过本实验，要求学生通过对作物生长过程的分析，了解作物的物质生产量，即不同时期、不同器官的干物质积累和分配规律及定量研究方法。

作物的生长发育过程就是光合产物不断增长和积累的过程。不同的作物或品种、同一作物的不同生育时期以及在不同生态环境和栽培条件下其光合产物积累的速度及在各器官中的分配情况是不同的，作物的生育进程也是以作物干物质增长过程为中心的，了解作物光合产物的积累和分配情况有助于揭示作物生长发育的规律，也为制订合理栽培措施提供了依据。

二、材料与用具

田间种植 2~3 种作物或 2~3 种不同栽培措施（如密度、施肥等）下的植株；剪刀、直尺、铝盒、烘箱、叶面积测定仪、1/100 天平。

三、内容说明

作物的生长速率和生育状况可用如下指标反映。

1. 相对生长率（relative growth rate，RGR）

表示单位重量干物质在单位时间内的增长量。作物干物质的增长是在原有物质的基础上进行的，原来原有植株体越大，其生产的效能就越高，形成的干物质就越多。RGR 反映干物质在原有基础上的增长速度，其计算公式为：

$$RGR = \frac{1}{W} \cdot \frac{dW}{dt} = \frac{\ln W_2 - \ln W_1}{t_2 - t_1}$$

式中：W——干物重（g）；

t——时间（d）。

即 W_2 为 t_2 时间的干物重，W_1 为 t_1 时间的干物重，单位为 g/(g·d)。

2. 净同化率（net assimilation rate，NAR）

表示单位叶面积在单位时间内的干物质增长量。NAR 反映作物叶片的净光合效率，大体上相当于用气相分析法测定的单位叶面积净同化效率的数值。

它是从叶片真正同化作用中减去了叶片、茎部和根系呼吸作用所消耗的部分以及落叶失去的部分。计算公式为：

$$NAR = \frac{1}{L} \cdot \frac{dW}{dt} = \frac{\ln L_2 - \ln L_1}{L_2 - L_1} \cdot \frac{W_2 - W_1}{t_2 - t_1}$$

式中：L——叶面积，L_1 为 t_1 时间的叶面积，L_2 为 t_2 时间的叶面积，单位为 g/（m^2·d）或 g/（dm^2·d）等。

3. 叶面积比率（leaf area rate，LAR）

表示作物单位干重的叶面积，即叶面积对植株干重之比。同时也是 RGR 对 NAR 之比，单位为 m^2/g。

$$LAR = \frac{L}{W} = \frac{RGR}{NAR}$$

4. 比叶面积（specific leaf area，SLA）

表示单位叶重的叶面积，可反映出叶片的厚度，计算公式为：

$$SLA = \frac{L}{L_w}$$

式中：L_w——叶片干重（g）。

5. 作物生长率（crop growth rate，CGR）

又叫群体生长率，表示在单位时间内、单位土地面积上增加的干物重。计算公式为：

$$CGR = \frac{y_2 - y_1}{t_2 - t_1} = \frac{1}{L} \cdot \frac{dw}{dt} \cdot F = NAR \cdot LAI$$

式中：

y_2——t_2 时间单位土地面积上的干物重（g）；

y_1——t_1 时间单位土地面积干物重（g）；

F——单位土地面积上的总叶面积，即叶面积指数 LAL。

此式表明，作物生长率与 NAR 和 LAI 两者呈正比例。由于 NAR 的变幅较窄，所以对产量而言，LAI 具有更重要的意义，单位为 g/（m^2·d）或 g/（hm^2·d）等。

四、方法与步骤

分组进行。每隔 1～2 周在田间各随机取一定量（5～10 株）不同作物或栽培措施下的植株带回实验室，用水洗净后剪去根系，用长宽系数法、打孔称重法或叶面积测定仪测定叶面积，然后分器官（叶片、茎鞘、穗子或花果等）装入铝盒（写上标签）置于鼓风烘箱内，先于 105 ℃下杀青 1 h，然后在 60～80 ℃下烘至恒重，称干物重。需要前后 2 次测定的有关数据。

五、作业

分别就前后 2 次测定的有关数据（表 35 - 1）计算 RGR、NAR、LAR、SLA、CGR 填入表 35 - 2，就各次测定结果计算干物质在各器官中的分配率填入表 35 - 3，并分析不同作物或栽培措施下，不同时期光合产物的生产与积累率及其在各器官中的分配。

表 35 - 1 测定结果记载表

测定日期：   作物或栽培措施：

株号	株高(cm)	主茎叶数	分蘖数	叶面积 (cm²)	干物重 （g）			
					叶片	茎（鞘）	穗（花果）	全株
1								
2								
3								
4								
5								
6								
…								
合计								
平均								

表 35 - 2 计算结果记载表

作物或栽培措施	时期	RGR	NAR	LAR	SLA	CGR

表 35 - 3 干物质在各器官的分配百分率

作物或栽培措施	测定时期								
	叶片	茎（鞘）	穗（花果）	叶片	茎（鞘）	穗（花果）	叶片	茎（鞘）	穗（花果）

实验三十六　耕作方式对土壤耕层构造的影响

一、实验目的

不同耕作方式（少免耕、旋耕、深松等）及不同前茬作物与其秸秆还田量均会影响土壤耕层构造。学习掌握耕作方式与秸秆还田条件下，土壤紧实度与耕层构造的测定方法。

二、材料与用具

不同耕作方式及秸秆还田量下的长期定位试验田；SC‑900 数显式土壤紧实度仪、土壤环刀、切土刀、电子天平、钢卷尺、土铲、锤子、吸水槽、搪瓷盘、纱布、滤纸、干燥器、烘干箱、皮尺、直尺、记载表等。

三、内容说明

1. 土壤紧实度的测定

土壤紧实度是土壤的一个重要结构特征。在农田生态系统中，影响土壤紧实度的主要因素为降水量、耕作方式与强度、种植方式、种植作物类型与秸秆还田量等。无外界因素作用下，土壤颗粒重新排列使土壤孔隙减小、容重增大，土壤紧实度增大。土壤紧实度过低，非毛管孔隙多，容重降低，土壤疏松，通透性强。土壤紧实度过高，容重增加，非毛管孔隙/毛管孔隙降低，通透性下降。土壤紧实度增加直接影响土壤的物理结构、通气、水分运移和养分状况，降低作物的根系生长、水分与养分吸收，土壤紧实度持续升高不利于作物产量形成。此外，土壤紧实度对土壤动物和微生物的活动或活性有影响，尤其是对好气型微生物种类和数量影响较大，显著改变了温室气体的排放量，特别是 N_2O、CO_2 和 CH_4 的排放。因此，测定土壤紧实度并探明原因对作物生产有重要意义。

土壤紧实度测定采用土壤紧实度仪、土壤硬度计。当土壤紧实度仪在柱塞压入土壤时，可以直接显示出土壤的阻力。这个土壤阻力值是柱塞压入土壤的剪切压缩及土壤与金属摩擦的一个综合指标。土壤紧实度的测定值受柱塞的形状、锥体的角度及作用速度所制约。因此，在测定不同土壤耕作条件下各个土壤深度的土壤紧实度时，必须使用同一种仪器和测头，以利于相互比较。

2. 耕层构造的测定

耕层构造是指耕层内各个层次中矿物质、有机质与总孔隙之间，总孔隙中毛管孔隙与非毛管孔隙的比例关系。它是由各层次中的固相、液相和气相的三相比所决定的，对协调土壤中水分、养分、空气、温度等因素具有重要作用。要保证水肥气热诸因素协调供应植物，关键是要求土壤的三相具有一定的比例，即土壤固相、液相和气相在耕层占据合适的位置和结构。

通过取得耕作层的原状土样，使其毛管水达到饱和，然后测定毛管水饱和状态下的含水量以及土壤容重、土壤比重，计算固相、液相和气相三相各自占有的体积。土壤容重/土壤比重＝固相体积，土样总体积－固体体积＝总孔隙度，毛管孔隙度为毛管水饱和后的含水量，总毛管孔隙度－毛管孔隙度＝非毛管孔隙度。土壤密度一般比较稳定，可用比重瓶测量，如泰安市的土壤密度在 $2.60 \sim 2.70 \ g/cm^3$。

四、方法与步骤

1. 土壤紧实度的测定

(1) 将 SC-900 数显式土壤紧实度仪与计算机连接，用软件进行数采设置和配置。

(2) 待测土壤在测量前需整平表面，打开土壤紧实度仪，然后将仪器圆锥头放置在待测土壤。

(3) 测定时，圆锥头垂直向下缓慢推入，向下推入的阻力被测量和记录进存储卡内。圆锥头插入土壤的深度也被记录和存储。紧实度单位为 PSI 或 KPa。同时，记录数据编号和结果。

(4) 测定结束后，需将圆锥头上附着的土壤清理干净，再依次测定其他田块。未清理或清理不彻底会导致测量值误差增加。

(5) 全部实验结束后，再次将紧实度仪与计算机连接，用软件将测定数据导出。

2. 耕层构造的测定

(1) 室内称重　准备洁净环刀一只，记录其号码，在天平上称出其质量（包含上、下盖，精确至 0.1 g），测量环刀的高度及内径，计算容积。填写在表 36-1 内。把称好的环刀，包括上、下盖，锤子，削土刀，土铲等一块带至田间。

(2) 室外取样　在田间选取有代表性的地段，按要求采取一定的土壤层次，取样前先铲除地面杂草，捡出石头等障碍物，不能破坏土壤表面。自上而下用环刀在每层中部垂直取样。取样时用力要均匀，通过环刀托将环刀压入土中，土壤坚硬难以压入时，借助锤子轻轻敲打环刀托，待整个环刀全部压入土中之后，用土铲将环刀周围的土壤铲掉，小心取出带土的环刀，用削土刀仔细削平环刀顶面和底面的余土，使之与环刀刃口齐平（如在切口处有石块，则土样必须重取）。削平后盖好上、下盖，切勿震动，以免耕层构造改变。将环刀周围附着的泥土擦干净放好，并记下所取土样的土壤层次，然后再取另一层土样（注意不同层次的土样样品要顺序叠放）。

表 36 - 1　耕层构造测定记录和计算表

土壤类别：　　　　　　采样地点：　　　　　　样点号：
采样深度：　　　　　　采样日期：　　　　　　测定者：

项目	序号	计算方法	样品		
			I	II	III
环刀号码					
环刀＋盖（g）	①				
环刀体积（cm³）	②				
环刀＋盖＋自然湿土重（g）	③				
环刀＋盖＋吸水后湿土重（g）	④				
自然湿土重（g）	⑤	⑤＝③－①			
吸水后湿土重（g）	⑥	⑥＝④－①			
环刀＋盖＋烘干土重（g）	⑦	⑦			
烘干土重（g）	⑧	⑧＝⑦－①			
自然湿土含水重（g）	⑨	⑨＝⑤－⑧			
吸水后湿土含水重（g）	⑩	⑩＝⑥－⑧			
吸水前土壤含水量（%）	⑪	⑪＝⑨/⑧×100			
吸水后土壤含水量（%）	⑫	⑫＝⑩/⑧×100			
土壤容重（g/cm³）	⑬	⑬			
土壤比重	⑭	⑭＝2.64			
固体体积（cm³）	⑮	⑮＝⑬/⑭			
总孔隙体积（cm³）	⑯	⑯＝②－⑮			
毛管孔隙体积（cm³）	⑰	⑰＝⑥－⑧			
非毛管孔隙体积（cm³）	⑱	⑱＝⑯－⑰			
固相：液相：气相（以实数表示）					

（3）室内土样吸水饱和　将田间取好的土样带回室内，将环刀和原状土样加上、下盖一起称重，并记下结果。将环刀下盖取下，移放到上盖处，把环刀底部蒙上小块纱布，小心放在搪瓷盘中已裹好滤纸的吸水槽上，然后向搪瓷盘内加水至吸水槽高度的 2/3 处，使环刀内土壤吸水饱和。土壤吸水至饱和的时

间因土样的高度和土壤质地不同而异，一般可在开始吸水后的 24 h 或 36 h 将环刀加上、下盖连同土样取出称重，定时称重，直至恒重时为止。即可得到毛管水分饱和的土样重，并记下重量。称重时不可使土样有任何损失。

最后将环刀（加上、下盖）与毛管水饱的土样一起放在 105 ℃ 烘干箱中烘至恒重，然后放入干燥器中冷却至室温，称重，并记录下重量。测定和计算结果写入表 36 - 1。

五、作业

1. 选择两种以上不同耕作方式或秸秆还田量的地块，测定土壤坚实度。
2. 比较不同耕作措施或秸秆还田量对土壤耕层构造的影响。

实验三十七　农田小气候观测

一、实验目的

1. 掌握农田小气候观测各类相关仪器的安装与使用方法。
2. 掌握观测资料的整理分析方法。
3. 通过测定农作物群体所形成的农田小环境，进一步了解农作物群体间套作模式的增产增效机理，并分析其资源利用效率。

二、材料与用具

选择具有代表性和典型性的田块作为实验对象，如间套作复合群体和单作群体；照度计、手持式气象测定仪（如 Kestrel 4000 型号）、半导体温度计、曲管地温表、烘箱、取土钻、电子天平（精度 0.01 g）、铝盒、卷尺、皮尺、测杆、支架等。

三、内容说明

农田小气候是指由农田贴地气层、土层与作物群体之间的物理过程和生物过程相互作用所形成的局部气候环境，常以农田贴地气层中的辐射、空气温度和湿度、风、CO_2 以及土壤温湿度等农业气象要素的量值表示，是影响农作物生长发育和产量形成的重要环境条件。农田小气候能够显著影响农作物的生长、发育以及病虫害的发生，最终影响粮食产量和资源利用效率。在农田生态系统中，不同的农作物形成了不同的群体结构，农田群体间的光分布、空气温湿度、风速和土壤温湿度等气象特征均与裸地有显著差异。农作物种类、种植密度、株距、行距、行向、生育期和叶面积指数等因素都与小气候的特征显著相关。农田小气候既具有其固有的自然特征，又受到人工的干预与调控。合理的农业技术措施在一定程度上可以改善农田小气候，如套种间作、耕耙、灌溉、地膜覆盖、增温保墒剂的施用等。研究农田小气候的根本目的在于优化农田小气候，以协同农作物对环境资源的需求，增加粮食产量，提高资源利用效率。

本实验主要进行农田复合群体内光分布、空气温湿度、风速和土壤温湿度的测定。为了明确农田小气候与作物生长发育间的相互关系，建议同时进行复合群体田间结构和植株生长状况的测定。

四、方法与步骤

1. 观测地段的选择和观测点的设置

（1）观测地段的选择 一方面，选择地段要具有典型性，能够代表单作或间套作的实际状态，如作物类型、行距、距道路和村庄的距离等因素；另一方面，观察条件要具备一致性和可比性。

（2）观测点的设置 无论是间作或套作与单作进行比较，还是间作或套作中不同作物间比较，以及带状间套作中同一作物不同行间或株间对比，都要按科学的要求选择观测点。观测点要具有代表性，各观测点的距离不宜太大，既能客观反映所测农田小气候的特点、又不受周围环境的影响，特别要防止人为因素的干扰；观测点的数量要根据观测的要求、人力和仪器设备等情况来确定。各观测点使用的仪器和安装与观测方法应严格保持一致。

观测点高度要根据作物生长情况、待测气候要素特点和研究目的来确定。农田温度和湿度观测通常取 3 个高度：20 cm、2/3 株高处和 150 cm。20 cm 处能够代表贴地层情况；2/3 株高处为作物主要器官所在部位，此处叶面积指数最大；150 cm 处多为作物冠层或群体以外，便于与大气候观测资料的比较。高秆作物（如玉米、高粱等）观测高度和层次应适当增加。

上述项目的测定要根据观测目的和作物生育期进行科学设计。为观测间套作复合群体间的小气候变化，必须在不同作物的共存期进行观测。具体观测时期可结合作物生育期，选择典型天气（如晴天、阴天等）来确定。如要了解间套作条件下小气候的日变化或某要素的变化特征，可在作物生育期的关键时期选择典型天气，每间隔 1 h 或 2 h 进行全天连续观测。但为了能在短暂的观测时间内得出小气候的特征，也可采用定时观测（以 2:00、8:00、14:00、20:00 4 次观测值的平均值作为日平均值），以便于与当地气象站的观测数据进行比较。在观测过程中，各处理、各项目、各高度的观测都要尽量同时进行。

（3）测定仪器安置 各观测点的仪器安置应以避免干扰和方便观测为原则。各观测点的仪器安置，应根据仪器特点，参照气象仪器安置的一般要求，高的仪器放在低的仪器北面，并按观测程序安排，仪器间应相互不影响通风和受光。在间套作条件下，不同行间的小气候也有较大差异，因此，仪器宜排列在同一行间；比较边行和中间行的小气候时，应分别将仪器安置在边行及中间行。安置仪器及观测过程中尽可能保持行间的自然状态。

2. 观测方法与步骤

（1）光照强度的测定 光照强度观测层次要多些，可等距离分若干层次，自上向下，再自下而上往返一次。此外，还需设置作物冠层顶部高度测定点，以测定自然光照，计算透光率。用照度计（如 TES1332A 型号）按照上述测点与位置，每个点自上向下，再自下而上往返一次。由于田间透光率不匀，在每个观测部位上均应水平随机移动测量数次，以其平均值代表该部位的光照强度。测定时可用数台仪器，在各观测点同一部位同时进行，可用其中一台测定自然光照，以便计算各测点的透光率。

$$透光率（\%）=\frac{某一部位光照强度（lx）}{自然光照强度（lx）}\times100$$

使用照度计（如 TES1332A 型号）测定时，应注意以下几点：在任何情况下不得将感光探头直接暴露于强光下，以保持其灵敏度；光探头要准确水平地放置在测定位置，使光电池与入射光垂直，保证读数可靠；每次测定遵从高档到低档的顺序；每次测定完毕后，应立即将量程开关拨在"关"的位置，将光电池盖上。

（2）风速、空气温度和空气湿度等的测定　利用手持式气象测定仪（如 Kestrel 4000 型号）可以测量风速、空气流量、温度、相对湿度、气压、高度、热气压指数、露点、密度高度和湿球温度等。数据能被储存、作曲线图并上传到计算机上。

风速测定可每隔一定距离均匀设点，在农田中一般测定高度为 20 cm、150 cm 或 200 cm。此外，应着重观测 2/3 株高处的风速，因为，此部位作物代谢较强且叶面积指数最大，此处风速与作物蒸腾作用密切相关。为提高测量准确度，测定重复 3～5 次。风速波动较小时，可以增加重复数以减少误差；风速波动较大时，可用数台仪器在各测点同一部位同时进行测定，以更好地比较处理间的差异。

（3）土壤温度测定　土壤温度用曲管地温表测定，一般取 0 cm、5 cm、10 cm、15 cm、20 cm 5 个深度，按由东向西排列，感应部位朝北，表间相隔 10 cm，表身与地面呈 45°的夹角。每天 8:00、12:00、16:00 和 20:00 各观测 1 次数据并记录。农田水温可取水面和水泥交界面 2 个部位观测。

（4）土壤湿度测定　土壤湿度测定的经典方法一般为目测法和取土法等方法。

目测法一般将土壤湿度分为 5 个等级，如表 37-1 所示。

表 37-1　土壤湿度分级表

级别	分级标准与方法	土壤水分评价
一级	用手捏土团，有水从指缝中流出，摔到地上时泥浆四溅	土壤水分过多，氧气缺乏，对作物生长不利，应开沟排水，防止湿害

（续）

级别	分级标准与方法	土壤水分评价
二级	用干净小刀插进土中，立即取出，泥土黏在刀上；或者把泥团放在手背上轻压，会留下泥的痕迹	土壤过湿，应清沟沥水
三级	用小刀插入土中，泥土不黏刀；用手捏土很容易成团，还可搓成 4 mm 粗的泥条	土壤水分适宜，有利耕作和作物生长
四级	可用手勉强把土压成块，但不能搓成长条	土壤水分较少，尚可耕作，作物尚能正常生长
五级	土壤坚硬手捏不碎（黏土）或易散（沙土）	土壤水分很少，黏土难以耕作，易损坏农具；作物受旱，茎叶卷缩，需灌溉

取土法是用土钻取土，研究目的不同，取土的深度也不同，一般可只测耕作层土壤水分。如果要测定土壤水分的垂直变化，则需测定深度 1 m 或 1 m 以上（大多数作物根际土层约为 1 m），根据需要，每 10 cm 或 20 cm 深度的土壤为一个土层。取土前，事先将铝盒称重，然后将土样快速放入铝盒中，并盖上盖子，防止水分散失。称铝盒加湿土重，放入烘箱，105 ℃条件下烘 12 h，至恒重。取出，盖好，在干燥器中冷却至室温，立即称重两次。每个观测点的样品测定重复 3 次。通过重量变化，可以得出土壤含水量。

$$土壤含水量（\%）=\frac{烘干前铝盒及土样质量-烘干后铝盒及土样质量}{烘干后铝盒及土样质量-烘干空铝盒质量}\times100$$

此外，土壤水分也可以利用便携式土壤水分测定仪和水分中子仪等仪器测定。

3. 观测资料的整理

在完成各个观测点及各项观测内容后，首先将多项观测记录进行误差订正和查算，并检查观测记录有无陡升或陡降的现象，找出其原因并决定取舍，然后计算平均值，最后查算出各气象要素的值。

为了从观测点的小气候特征中寻找它们的差异，必须根据实验任务进行各观测点资料的比较分析。在资料统计中，对较稳定的要素（如温度或湿度）可用差值法进行统计，而对易受偶然因素影响或本身变化不稳定的要素（如光照强度和风速）宜用比值法进行统计。这样得出的数据既便于说明问题，又利于揭示气象要素本身的变化规律。此外，应根据资料情况用列表法将重点项目反映在图表上。当平行资料不多或时间又不连续的时候，用列表法比较适合；但在资料多、长时间连续观察、差异显著的情况下，应用图示法来反映重要的变化特征。

五、作业

1. 分析比较间套作模式与单作条件下不同时间测定位置（高度或深度）的光照强度、空气温度、空气湿度、土壤湿度、风速的差异。

2. 根据测定资料，对单作与间套作复合群体的植株状况与农田小气候进行综合分析。

实验三十八 不同种植制度农田养分和水分平衡分析

一、实验目的

1. 掌握农田土壤有机质、主要营养元素及农田水分平衡的分析和估算方法。

2. 掌握一个生产单位全年所需肥料的估算方法及运筹方案。

二、材料与用具

不同种植制度农田的土壤有机质与营养元素含量、降水量与灌溉方案、作物需肥量、作物产量等相关数据。为了提高准确性，可以结合其他实验直接测定上述数据。

三、内容说明

1. 农田养分平衡分析

（1）农田有机质平衡分析　农田有机质平衡分析是指计算一个生产单位或地块有机质积累量与消耗量的平衡值。通常用有机肥料、根茬等的投入计算积累量，土壤有机质矿化量为消耗量，计算有机质平衡值，进行平衡分析。

$$R_H = \frac{H_I \times r}{W \times H \times R}$$

式中：R_H——有机质平衡值，大于 1 时，平衡为正，土壤有机质增加，反之，土壤有机质下降；

H_I——土壤有机质重量（kg）；

r——有机质腐殖化系数（一般为 0.2～0.4）；

W——耕层土壤总重量（一般按 150 000 kg 计）；

H——土壤有机质含量（%）；

R——有机质矿化系数（一般在 1%～3%）。

例如，一试验田通过有机肥料、秸秆及根茬等施入土壤有机质为 150 kg，腐殖化系数为 0.3，耕层土壤重 150 000 kg，该试验地有机质含量为 1%，有机质矿化率为 2%，则有机质平衡值 R_H 为：

$$R_H = \frac{150 \times 0.3}{150\,000 \times 1\% \times 2\%} = 1.5$$

（2）氮磷钾平衡分析 氮磷钾素平衡多采用简单的投入产出法。计算公式如下。

$$Y_i = A_{ij}X_i$$

式中：Y_i——某元素的最终输出量；

    X_i——第 i 个投入项目；

    A_{ij}——投入产出系数（即第 i 个项目，第 j 元素的产出）；

    i——投入产出项目的数目（$i=1,\ 2,\ \cdots,\ n$）；

    j——循环中所涉及元素的数目（$j=1,\ 2,\ \cdots,\ m$）。

上式可用矩阵表示为：

$$[A] \times [B] = [C]$$

$$\begin{bmatrix} a_{11} & a_{12} & \cdots a_{1n} \\ a_{21} & a_{22} & \cdots a_{2n} \\ \cdots & \cdots & \cdots \\ a_{m1} & a_{m2} & \cdots a_{mn} \end{bmatrix} \times \begin{bmatrix} b_{11} & b_{12} & \cdots b_{1n} \\ b_{21} & b_{22} & \cdots b_{2n} \\ \cdots & \cdots & \cdots \\ b_{m1} & b_{m2} & \cdots b_{mn} \end{bmatrix} = \begin{bmatrix} c_{11} & c_{12} & \cdots c_{1n} \\ c_{21} & c_{22} & \cdots c_{2n} \\ \cdots & \cdots & \cdots \\ c_{m1} & c_{m2} & \cdots c_{mn} \end{bmatrix}$$

投入矩阵 $A=(a_{ij})_{mn}$，系数矩阵 $B=(b_{ij})_{mn}$，产出矩阵 $C=(c_{ij})_{mn}$。

上式中，$A=(a_{ij})_{mn}$，其中 $i=1,\ 2,\ \cdots,\ m$，表示有 m 个投入产出项目。$j=1,2,\ \cdots,\ n$，表示计算 n 年的资料，如只计算一年的资料，则矩阵 A 是一个行向量。

$B=(b_{ij})_{mn}$ 中，$i=1,\ 2,\ \cdots,\ n$，$j=1,\ 2,\ \cdots,\ m$，表示第 i 个投入项目第 j 个元素的投入产出系数，若物质循环只考虑 N、P、K、C 四个元素，则 $j=1,\ 2,\ 3,\ 4$。

$C=(c_{ij})_{mn}$ 中，$i=1,\ 2,\ \cdots,\ m$，$j=1,\ 2,\ \cdots,\ n$，表示第 i 个投入项目第 j 个元素投入或产出的数量。利用矩阵 C，就可以得到某一项投入增加或减少土壤中某一元素的数量，进而进行平衡分析。

利用投入产出矩阵的方法，可以借助于计算机进行多年多个投入产出项目多个元素循环的计算。若只计算一年中某几个元素的平衡，还可用简单的表格法，如表38-1。

表 38-1 养分平衡分析表

产投项目		投入产出系数			投入或产出数量		
投入项目	氮肥						
	磷肥						
	钾肥						
	有机肥						
	厩肥						

（续）

产投项目		投入产出系数			投入或产出数量		
投入项目	秸秆还田						
	农田杂草						
	根茬						
	自然固氮						
	豆类固氮						
	种子						
	投入总计						
产出项目	籽粒移出						
	茎叶						
	氮素反硝化						
	磷素固定						
	钾素淋洗						
	产出总计						
平衡值							

若某元素平衡值大于 1，表明该元素投入量大于产出量，有利于该元素在土壤的积累；若平衡值小于 1，产出量大于投入量，土壤中该元素的储存量减少。

2. 农田水分效益分析

作物对水分的利用率一般用水分利用系数（K_W）来表示。作物的水分利用系数是指一定时间（一般为一年）内单位面积上的干物质（或经济产量）与同期该面积上水分的消耗（蒸散）量之比，即每毫米水生产多少干物质。它综合反映作物对土壤水分（包括各种途径进入土壤中的水分）的利用程度。

$$K_W = \frac{P}{ET}$$

式中：K_W——水分利用系数；

P——作物的实际产量（生物学或经济产量）（kg/hm²）；

ET——实际蒸散量（一般为 1 m 土层）（mm）。

ET 的计算公式为：

$$ET = W_0 - W_1 + R + U - G + I$$

式中：W_0、W_1——一定时期内 1 m 土层内作物播前和收获后的土壤水分储量（mm）；

$\qquad$ R——同期的降水量（mm）；

$\qquad$ U——地下水补给量（在地下水位 3 m 以下时，U 可忽略不计）（mm）；

$\qquad$ G——水分损失量（包括径流与渗漏）（mm）；

$\qquad$ I——灌溉水量（mm）。

G 与多种因素有关，如降水前的土壤含水量（M）、土壤质地〔通透性（P）和田间持水量（C）〕、降水量（R）、降水强度（i）、地面坡度（V）和降水期间的蒸发量（ET'）等。若地势平坦，土壤为轻壤至中壤，且有田埂，可以不考虑径流、坡度、土壤通透性和降水强度的影响。因此，G 的计算公式为：

$$G = M + R - C - ET' \quad (G \geqslant 0)$$

式中：M——降水前 1 m 土层中水分储存量（mm）；

$\qquad$ R——一次降水过程的降水量（mm）；

$\qquad$ C——田间持水量（mm）；

$\qquad$ ET'——降水期间的蒸发量（mm），根据前一阶段的日平均蒸散量估算。

四、方法与步骤

1. 农田养分平衡分析

（1）养分平衡分析　包括一个生产单位全部农田的肥料总量运筹及各块农田上各季作物的肥料配比（种类配比及春追肥配比）运筹两方面内容，基本步骤为：

研究熟悉本单位的种植制度、各田块（片）土壤肥力状况和肥源、化肥价格等情况。

计算实现计划产量指标所需要的氮、磷、钾养分总量。一般根据每获得100 t 经济产量需要养分的数量（表）来定。施肥量大致为需要量的 1.5 倍（按照肥料总利用率为 60% 计），具体可根据当地土壤肥力条件、习惯上的施肥水平而作适当增减。

确定能供应的肥料种类、数量及质量，估算所含的养分总量，比较养分供求状况。在供肥严重不足情况下，除再挖掘肥料潜力外；应着重调整种植方案，改需肥多的作物为需肥少的作物，或适当降低复种指数。在化肥供应不受限制的地区，既要考虑肥料的价格，又要考虑不同种肥料的搭配。

（2）拟订肥料运筹方案　可用表格形式列出，如表 38 - 2 所示。

表 38-2　二熟制三区轮作的肥料运筹方案

轮作区	第一区		第二区		第三区	
作物名称	冬季作物	夏秋作物	冬季作物	夏秋作物	冬季作物	夏秋作物
种肥（种类、数量）						
基肥（种类、数量）						
总氮量						
总 P_2O_5 量						
总 K_2O 量						
N∶P∶K						

2. 农田水分效益分析

根据资料或调查，获得当地的作物生育期内 1 m 土层内作物播前和收获后的土壤水分储量、人工灌水量、同期的降水量、地下水补给量（在地下水位 3 m 以下时，U 可忽略不计）和水分损失量数据，计算当地的农田水分效益。

五、作业

某农场有水田 4 hm²，实行小麦—单季稻—绿肥—双季稻—油菜一单季稻的三年三区轮作制，计划公顷产量指标：小麦 3 750 kg、油菜 2 250 kg、绿肥 45 t、单季稻 7 500 kg、双季早稻 6 000 kg、双季晚稻 5 250 kg。可供的有机肥源为：厩肥 150 t 标准肥，土杂肥 90 t 标准肥，绿肥和菜籽饼可全部还田，化肥供应数量不限。请拟订一个全年肥料运筹方案，并按表 38-1 格式参照表 38-3 估算农田养分平衡。标准肥按含 N 0.5%、P_2O_5 0.4%、K_2O 0.5% 计算；绿肥含 N 量按 0.5% 计，其中 2/3 为生物固氮所得。

表 38-3　农作物每形成 100 kg 经济产量对 N、P、K 需要吸收量（kg）

作物	产品	N	P_2O_5	K_2O
冬小麦	籽粒	3.0	2.5	1.25
高粱	籽粒	2.6	3.0	1.3
豌豆	籽粒	3.09	微量	2.86
棉花	皮棉	13.86	14.43	4.86
甘薯	薯块	0.6	0.1	0.15
水稻	米粒	2.0	1.2	0.7
绿肥	鲜重	5.0	4.0	0.7

实验三十九　耕作制度的调查与评价

一、实验目的

1. 了解耕作制度的基本内容，学习耕作制度及有关农业资源的调查内容与方法。

2. 了解与耕作制度建立有关的农业资源即光资源、热量资源、水资源、土地资源及社会经济、科学技术、信息资源辨识常用指标，学会分析评价种植制度与资源关系的方法，为耕作制度设计奠定基础。

二、材料与用具

拟调查的生产单位所在县、乡的农业区划、土壤普查、农业生产统计及抽样调查材料、气象资料、水文资料、生物品种资源调查资料等；计算器、海拔表、经纬仪、测高仪、卷尺、土壤铲、记录标准纸等。

三、内容说明

耕作制度调查包括耕作制度调查、有关农业资源调查、有关社会经济条件调查以及科学技术因素调查 4 部分。

1. 耕作制度调查

(1) 作物种植制度的历史演变和现状　调查 1949 年以来，尤其是近十年来所调查地区的农作物布局、复种指数上的变化、现行的作物种类、面积比例、主要复种方式、间混套作的类型及田间配置、轮作与连作的方式等。

(2) 与种植制度相适应的养地制度的历史演变和现状，包括该地的土壤耕作、施肥、灌溉以及农田养护措施。

2. 有关农业资源调查

(1) 土地资源　包括地形、地貌、水文以及各种土地资源的面积与利用现状，耕地、草地、林地、荒地资源的类型、面积、使用现状与改良方向。

(2) 气候资源　包括光照、热量及降水的数量、强度、季节分布及其变化规律与保证率。

(3) 生物资源　主要调查当地现有的农业生物类型、品质资源与品种。包括大田作物、林木、果树、蔬菜、花卉等，也包括适宜的家畜、家禽品种，以及水生动植物等。

（4）水资源 包地表水、地下水资源的数量、季节分布、年变率、水质状况以及水资源利用现状。

3. 有关社会经济条件调查

（1）农业现代化的水平 农业现代化水平主要指农业装备、农业技术及管理水平，农业装备包括农业机械化、水利化，农药的施用量，农用油、农用电的拥有量与时间分配等。

（2）农业生产的社会经济因素 包括效益、价格、市场、经济结构、劳动资金等因素。本调查着重生产的效益、结构和市场3个方面。效益包括两方面，某一作物或种植方式的经济效益和不同作物或种植方式之间的比较效益。结构包括农林牧渔产值构成及种植业内部不同类型作物的产值比例。

4. 科学技术因素调查

包括农业技术人员配备、农民文化科学素质、新品种应用、农艺水平等。

四、方法与步骤

1. 在实验室内整理有关基础性资料，对拟调查的生产单位有一个基本的认识。

2. 到有关农业部门、统计部门和生产负责人访问，补充基础性资料中缺少的数据与资料。

上述两项内容可由负责实验课的教师预先完成部分工作，学生可先熟悉调查方法与步骤，也可安排2～3 d的教学实习，将学生分组，开展实地调查，全部工作均由学生独立完成。

3. 实地调查。调查记载地形、地貌、水文、植被、耕地利用类型、作物分布、主要种植方式、农业现代化设备与装备情况，并对基础性资料进行验证，绘制作物分布与土地利用的示意图，填写调查表中所列的项目。

4. 典型调查。学生几人分一组，每组选择2～3户。详细调查作物布局、轮连作、间套作类型与技术、土壤耕作、施肥灌水等内容，并认真地填写作业中相应的调查表格。

5. 资料整理与分析。在调查结束前，对调查表中的内容进行一次全面的核准与检查，对数据不准，或无法填写的内容标明其原因及弥补方法，对调查资料进行计算与分析。

五、作业

1. 完成下列调查表（表39-1～表39-15），为其他实验提供基础性资料。

（1）耕作制度调查

① 作物布局（表39-1、表39-2）。

表 39-1 粮食作物组成

品名	合计	小麦	玉米	大豆	水稻	甘薯		
播种面积（hm²）								
占总播种面积（%）								
单产（kg/hm²）								
总产（kg）								
产值（元/hm²）								

表 39-2 经济作物、饲料作物组成

品名	合计	棉花	花生	高粱	绿肥			
播种面积（hm²）								
占总播种面积（%）								
单产（kg/hm²）								
总产（kg）								
产值（元/hm²）								

② 复种。见表 39-3、表 39-4。

表 39-3 历年复种指数

项目	年份				
复种指数（%）					

表 39-4 主要复种方式及其农事历

复种类型	1月	2月	3月	4月	5月	6月	7月	8月	9月	10月	11月	12月
例：小麦-玉米												冬小麦
												玉米

③ 间套混作类型及田间配置（绘出主要类型示意图）见表 39 - 5。

表 39 - 5　主要作物轮换顺序

地块	年份							
	2015	2016	2017	2018	2019	2020	2021	2022

④ 土壤耕作与培肥。见表 39 - 6～表 39 - 8。

表 39 - 6　肥料投入量（kg/hm²）

项目	投入量	养分折算			备注
		N	P_2O_5	K_2O	
氮肥					
磷肥					
钾肥					
有机肥					
豆科作物					
秸秆					
其他					
共计					

表 39 - 7　主要作物的施肥状况（kg/hm²）

作物	化肥			有机肥			肥料产投比	化肥产投比
	N	P_2O_5	K_2O	N	P_2O_5	K_2O		
小麦								
玉米								
花生								
棉花								
大豆								
甘薯								

表 39-8　土壤耕作制

种植制度	1月	2月	3月	4月	5月	6月	7月	8月	9月	10月	11月	12月
例：小麦-玉米					浅耕 15 cm 播玉米				深耕 20 cm 播冬小麦			

（2）与耕作制度有关的农业资源调查与分析

① 自然条件。

a. 温度。年平均气温_____℃，无霜期_____d，>0 ℃积温_____℃，>10 ℃积温_____℃，各月平均气温（填于表 39-9 中）。

表 39-9　气候条件

项目	月份												
	1	2	3	4	5	6	7	8	9	10	11	12	年
气温（℃）													
降水量（mm）													

b. 光照。年均日照时数_____h，日照百分率_____%，年总辐射量_____kJ/cm²。

c. 降水。年平均降水量_____mm，各月平均降水量（填入表 29-1）。

d. 水资源。地表水_____m³/km²，地下水_____m³/km²，埋深_____m。

e. 地貌。海拔_____m，坡度_____，水土流失量_____t/km²。

表 39-10　地貌类型

类型	平原	丘陵	山区	高原	盆地
占土地（%）					
占耕地（%）					

表 39 - 11　自然灾害

种类	旱灾	涝灾	盐碱
频率（%）			
影响耕地面积（%）			

② 生产条件

a. 土地。土地面积_____hm²，垦殖率_____%，其中耕地面积_____hm²，占_____%；林地面积_____hm²，占_____%；自然草地面积_____hm²，占_____%。

b. 土壤。类型1_____，类型2_____，类型3_____，类型4_____。质地1_____，质地2_____，质地3_____，质地4_____。

c. 养分。pH_____，土地有机质_____%，速效氮_____mg/kg，速效磷_____mg/kg。

d. 水利。耕地中水田_____hm²，占_____%；水浇地_____hm²，占_____%；旱地_____hm²，占_____%。灌溉水来源：井灌_____%；地表水灌_____%。扩大水浇地的可能性_____。

e. 肥料。有机肥施用量_____m³/hm²，质量_____。化肥施用量：标准氮肥_____kg/hm²，标准磷肥_____kg/hm²。施用肥料总量氮（纯）_____kg/hm²，磷（P_2O_5）_____kg/hm²，钾（k_2O）_____kg/hm²。

f. 人口劳力。农业人口_____人，人均耕地_____hm²/人，农林牧副渔劳动力_____人，劳均耕地_____hm²/劳力。

g. 牲畜。牛马骡_____头，_____头/hm²；驴_____头，_____头/hm²；猪_____头，_____头/hm²；羊_____只，_____只/hm²；鸡、鸭、兔_____只，_____只/hm²。

h. 农业机械化水平。大中型拖拉机_____台，_____马力，每台负担耕地面积_____hm²；小型型拖拉机_____台，_____马力，每台负担耕地面积_____hm²。

i. 灌排动力。机具_____W，_____W/hm²；水泵_____台，_____kW；大中型农具_____台。

j. 能源。生活用燃料结构中，秸秆_____%，煤_____%，

薪炭＿＿＿＿＿％，其他＿＿＿＿＿＿％。农村用电量＿＿＿＿＿
kWh/hm²。

秸秆使用结构中，燃料＿＿＿＿＿＿％，饲料＿＿＿＿＿＿％，
直接还田＿＿＿＿％，其他＿＿＿＿＿％。农药使用量＿＿＿＿＿
kg/hm²（纯量）。

（3）与耕作制度有关的社会经济条件调查分析

位置：

交通：

需要：粮食＿＿＿＿＿kg，人均口粮＿＿＿＿＿＿kg/人。粮食消
费结构中，口粮＿＿＿＿＿＿kg，饲料粮＿＿＿＿＿＿kg，工业用
粮＿＿＿＿kg，其他用粮＿＿＿＿＿kg，商品粮＿＿＿＿＿
kg。食油＿＿＿＿kg，人均食油＿＿＿＿＿kg/人。棉花＿＿＿＿
kg，人均棉花＿＿＿＿＿kg/人。

市场销售中，畅销＿＿＿＿＿＿＿，平＿＿＿＿＿＿＿，
积压＿＿＿＿＿＿＿。

农产品价格与用工量见表 39 - 12。农业生产资料价格见表 39 - 13。农业
生产结构见表 39 - 14。

表 39 - 12　主要农产品价格与用工量

农产品	农产品价格（元/kg）	用工量（工·日）
小麦		
水稻		
玉米		
谷子		
甘薯		
棉花		
肉		
蛋		
奶		

表 39 - 13　农业生产资料价格

品名	碳酸氢铵（元/kg）	硫酸铵（元/kg）	尿素（元/kg）	过磷酸钙（元/kg）	农药（元/kg）	柴油（元/kg）	电（元/kWh）	机耕（元/hm²）	柴油（元 kg）
单价									

表 39 - 14　农业生产结构

项目	农业	种植业	牧业	林业	副业	渔业
产值（元）						
结构（%）						

（4）科学技术因素调查　见表 39 - 15。

表 39 - 15　农业生产结构中科学技术配置

项目	合计	种植业	牧业	林业	渔业
农业技术人员配备					
农民文化科学素质					
新品种应用					
农艺水平					

2. 绘出一张反映自然景观、土地利用与作物布局的示意图，以图 39 - 1 为例。

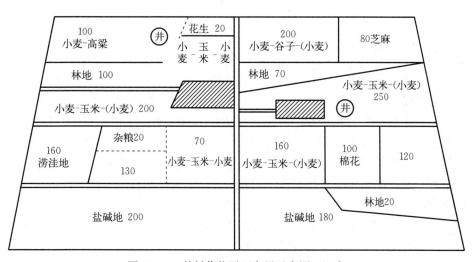

图 39 - 1　某村作物平面布局示意图（hm²）

3. 分析当地自然资源与社会经济条件的特点、存在的问题、潜力，结合耕作制度的特点、问题，分析潜力与耕作改制的措施及建议。

实验四十　农作物根系观测

一、实验目的

根系是植物直接与土壤接触的器官，作为植物体的重要组成部分，对植物生长发育、新陈代谢及产量形成等均具有重要作用。根系是植物从土壤中获取养分和水分的重要器官，它直接参与土壤中物质循环和能量流动两大生态过程，对土壤结构的改善、肥力的发展和土壤生产力的发挥起着重要作用。根系形态及生理参数是反映根系生长状况的主要因素，定期测量和分析作物根系形态参数对于研究作物生长发育状况具有重要作用。

二、材料与用具

小麦或玉米田块；铁锹、直尺、卷尺、铁锤、切割刀、网袋、水管、根系扫描仪、天平、分光光度计、小烧杯、量筒（50 mL）、移液管、容量瓶、试管、试管架、吸水纸、剪刀、镊子、盐酸、NaOH溶液、硝酸钙、烘箱。

三、内容说明

传统的根系研究方法有挖掘法、剖面法、盆栽法、土柱法、容器法。

1. 根系生长指标

根系生长指标包括根长、根重、根体积、根表面积、根直径、总根数等。植物根系是吸收水分和养分的主要器官，也是物质同化、转化和合成的器官，因此，根系生长状况和生理功能直接影响作物个体的生长发育、营养状况，其获取水、肥的空间范围与其他作物根系的竞争能力及根系的空间分布特征、长度和表面积等。

（1）根重　根重是根系生长发育的重要特征，它综合反映根系生长及其所处环境的关系，常作为衡量抗倒性、抗旱性和丰产性的重要指标。衡量根重大小有鲜重和干重2个指标。

① 鲜重。测定根系可以将冲洗干净的根系用吸水纸吸干水分后称重；也可以用平纹细布包裹洗净的根系在台式低速离心机中适当离心、称重。

② 干重。将洗净的根在80 ℃条件下烘至恒重后称重。该方法根系组织不受破坏，根系上的附着水能够基本去除。测定的结果可代表根的实际重量，可以表示根在生长发育过程中积累的有机物总量。

（2）根冠比　根冠比是植物地下部分与地上部分的鲜重或干重的比值。它反映了作物地下部分与地上部分的相关性；取样时收集植物地上部茎叶，地下部根系用自来水冲洗。然后将叶片和根系用去离子水冲净，吸水纸擦干表面水分称其鲜重。然后将作物的根、茎、叶置于 80 ℃ 条件下烘至恒重，计算根冠比。

（3）根长　根长是根系生长和吸收功能的衡量指标。单位体积土壤内的根长是估算根系吸收水分和养分能力的重要依据，单株根长是衡量根系生长能力强弱的重要标志。根长可以将根系冲洗干净后按照不同类型分开，然后用根系扫描仪扫描计算获得。可以根据根系长度及取样土体体积计算根长密度。

$$根长密度（cm/cm^3）=\frac{根系长度（cm）}{土壤体积（cm^3）}$$

（4）根重密度　根重密度和根长密度都是用来反映单位体积土壤内植物根量多少的指标。测定根重密度是在根系冲洗干净后，测定各级根系鲜重，从各级根系中取适量样品在 80 ℃ 下烘干，测定水分换算系数，用于计算各层根系的干重。根据下式计算根重密度。

$$根重密度（g/cm^3）=\frac{根系干重（g）}{土壤体积（cm^3）}$$

（5）比根长　比根长是作物根系单位干重的长度。对根系扫描仪扫描完成的图像采用 WinRHIZO 根系分析软件进行形态特征分析，测量各级根的直径和总长度。

$$比根长（m/g）=\frac{各级根的总长度（m）}{根系总干重（g）}$$

（6）根系体积　测定根系体积一般采用排水法。测定时向一个具有溢流的特定容器中注水，直至水分从溢流管中溢出；将洗净的根系小心地裹在软布中，布外包吸水纸，然后轻压以吸进根表面的水分（或者反复用滤纸包裹并轻压几次以吸水亦可）；吸净表面水分后，将根系浸没于上述容器中的水面以下，并用量筒承接从容器中溢出的水分，并计算其体积。所溢出的水分体积即为根系体积。如根量不多时，可直接用量筒测定（根据根量多少选用 500 mL 或 1 000 mL 的量筒），即向量筒中加入适量的水并记下刻度值，然后将洗净表面水分的根样浸没于量筒中，用玻棒小心搅动以排除根间的气泡，再记下刻度值，两次刻度值之差即为根的体积。

（7）根系表面积　根系表面积是根系生长发育的重要特征之一，它与水分、养分的吸收具有直接关系。主要有以下几种方法测定。

① 滴定法。将洗净或风干的根浸于 3 mol/L 的 HCL 溶液中 15 s，然后取出淋去溶液，当过量的酸被排干以后，再将根转移到盛有 250 mL 蒸馏水的大烧杯中静置 10 min；以后每间隔 1 min 取此溶液 10 mL，用 0.3 mol/L 的

NaOH 溶液滴定（酚酞作为指示剂）；最后以滴定所消耗的 NaOH 溶液的体积（mL）数表示根系表面积的总容量。该方法准确性较高。

② 重量差计算法。将盛有黏性硝酸钙溶液的大烧杯置于天平上称重，把干燥的根浸入溶液中 10 s，根系取出后重新称量烧杯及溶液的重量，最后根据 2 次重量差计算出硝酸钙附着于根表面上的重量，并以此作为根系表面积的间接衡量指标。此方法简单易行，但准确度稍低。

（8）根系生长速率　根系生长速率测定可以采用动态取样或观察法。可在处理之日起，每隔一段时间进行一次取样，测定根系的长度，每处理测量 40 条根。

① 根净生长量（RLD_{net}）。两次观测期间根长密度的净增加量。

$$RLD_{net} = RLD_{n+1} - RLD_n$$

式中：RLD_{n+1}、RLD_n——第 $n+1$ 次与第 n 次观测到的活根根长密度。

RLD_{net} 为正值说明根的生长量大于死亡量，RLD_{net} 为 0 说明根的生长量等于死亡量，RLD_{net} 为负值说明根的死亡量大于生长量。

② 根系生长速率（RLD_{NGR}）。

$$RLD_{NGR} = RLD_{net}/T$$

式中：T——相邻两次观测的间隔天数（d）。

同理，RLD_{net} 为正值说明根的生长速率大于死亡速率，RLD_{NGR} 为 0 表示根的生长速率与死亡速率相等，RLD_{NGR} 为负值时表示根的死亡速率大于生长速率。

（9）WinRHIZO 根系分析系统　WinRHIZO 是一套洗根后的专业根系分析系统，可以分析根系长度、直径、面积、体积、根尖计数等，功能强大、操作简单。这个软件主要是利用高质量图形扫描系统提供高分辨率的彩色图像或黑白图像，匹配专门的双光源照明系统，去除了阴影和不均匀现象的影响，有效地表征了图像的质量。Pro 专业版除了基本的根系指标分析外，还具备如下功能特征。

① 根系颜色分析。根的长度、面积、体积、根尖计数、根系存活数量等。
② 根系连接分析。用于根系分支角度、连通性等形态分析。
③ 根系拓扑分析。连接数量、路径长度等。
④ 根系分级伸展分析。记录根系整体等级分布情况。

2. 根系生理指标

（1）根系活力　植物根系是活跃的吸收器官和合成器官，根的生长情况和活力水平直接影响地上部的生长和营养状况及产量水平。根系活力是根系新陈代谢活动的强弱，是衡量根系功能的主要指标之一，常用的方法是 TTC 法。

选取幼嫩的根或根尖部分作为待测样品，将根段剪小，称重后迅速放入盛有 0.4％TTC 和 0.1 mol/L 磷酸缓冲液（体积比 1∶1）混合液的具塞试管中，摇动试管使根段全部浸入反应液中，盖紧试管，黑暗条件下在 37 ℃恒温水浴中反应一段时间，然后加入 2.0 mol/L 的硫酸终止反应。取出根段，用滤纸或吸水纸洗净反应液，剪碎，加入石英砂或碳酸钙和乙酸乙酯研磨以提取 TTF，将红色抽提液转移至容量瓶中，残渣再用乙酸乙酯抽提，合并抽提液，最后用乙酸乙酯定容，在 485 nm 测定 OD 值。在不同已知浓度的 TTC 溶液中加入少量 $Na_2S_2O_4$，然后根据其 OD 值求出标准方程。最后计算出根对 TTC 的还原强度（S）：

$$S=NV/WT$$

式中：S——根对 TTC 的还原强度 [mg/(h·g)]；

　　　N——根据标线求出的 TTF 浓度（mg/mL）；

　　　V——抽提液定容后的体积（mL）；

　　　W——样品鲜重（g）；

　　　T——反应时间（h）。

（2）根系呼吸　根系呼吸一般采用离体根系法测定，将红外二氧化碳分析仪连接到便携式 CO_2 分析系统测定根系呼吸。将植株根系完整挖出后，迅速将根系带入有空调控温的室内（温度控制为测定日当时的大气温度），按照直径≤2 mm、2 mm＜直径≤5 mm 和直径≥5 mm 分级，并把根系切面涂抹凡士林（防止根系产生创伤呼吸），将根系放入便携式 CO_2 分析系统中，待气流稳定后按照时间自动计数，测定根系释放出的 CO_2 通量。

四、方法与步骤

1. 选定作物田块。

2. 对地上部植株进行取样，沿地表将植株砍下，将其分样后装入纸袋，105 ℃杀青 30 min 后，85 ℃烘至恒重，用天平称取植株干重。

3. 沿作物种植行挖取宽 60 cm、深 80 cm、长度 80 cm 的土壤剖面后，以植株为中心，将植株左侧及右侧 1/2 行距宽度、前方及后方 1/2 株距，深度 40 cm 的土壤连同植株根系一起取出装入 40 目的网袋中，用水将根系与土壤及沙粒分离，取出根系。共挖取 6 株。

4. 将根茎结合部及根系取出，测定不同类型根系着生角度。

5. 将其中 3 株用剪刀将根系从根茎结合部剪下后置于吸水纸上吸干水分，称取根系鲜重。作物根系用于测定不同类型根系数量及根长度，取出少量代表性根系测定根系活力及根系呼吸速率，剩余根系用根系扫描仪扫描后，用 WinRHIZO 根系分析软件分析根系相关指标。扫描完成后，将根系在 85 ℃下烘至恒重。

6. 另外 3 株完整根系冲洗干净用吸水纸吸干水分后，用于测定根系表面积。

7. 根据上述数据计算根系长度、根系表面积、根长密度、根重密度、比根长等形态指标；计算根系呼吸速率、根系活性等根系功能指标。

五、作业

1. 比较平展型玉米品种和紧凑型玉米品种的根系特征。
2. 利用动态取样法测定小麦根系生长速率。

实验四十一　作物长势动态精准监测

一、实验目的

利用先进的作物生长监测设备，通过对作物群体生长过程的动态监测和分析，掌握作物长势的测定及研究的方法，进一步了解作物生长过程及动态监测的原理，并运用测定结果分析模拟作物长势。

二、材料与用具

选定被测的作物（小米或玉米）田块，或预先种植的实验田块；手持式作物光谱仪、便携式叶绿素仪、烘箱、电子天平、卷尺、测杆、细绳、记录纸等。

三、内容说明

农田作物的长势是由多项指标决定的，包括叶面积指数、干物质积累、作物营养状况等。传统的农田作物生长信息获取方法较复杂，不利于现代农业生产中大面积信息监测。随着信息技术的发展，光谱技术已成为农田作物长势监测的重要工具，通过光谱信息的反演，能快速获取作物的长势信息，为作物的管理提供技术支持。

作物的光谱特征是由作物生理特征引起的对光的吸收、透射和反射的变化，而作物的生理特征又反映作物的长势状况，因此，可以通过光谱的差异来监测作物的生长状况。植被的光谱反射或发射特性是由其组织结构、生物化学成分和形态学特征决定的，而这些特征与植被的发育、健康状况以及生长环境等密切相关。绿色植物光谱的主要指示波段位于光谱中可见光区的蓝边（蓝过渡到绿）、绿峰、黄边（绿过渡到红）、红光低谷和红边（红光过渡到近红外）区。

1. 350～490 nm 谱段

由于 400～450 nm 谱段为叶绿素的强吸收带，425～490 nm 谱段为类胡萝卜素的强吸收带，380 nm 波长附近还有大气的弱吸收带，故 350～490 nm 谱段的平均反射率很低，一般不超过 10%，反射光谱曲线的形状也很平缓。

2. 490～600 nm 谱段

由于 550 nm 波长附近是叶绿素的强反射峰区，故植被在此波段的反射光谱曲线具有波峰的形态和中等的反射率数值（在 8%～28%）。

3. 600～700 nm 谱段

叶绿素的强吸收带，植被在此谱段的反射光谱曲线具有波谷的形态和很低的反射率。

4. 700～750 nm 谱段

植被的反射光谱曲线在此谱段急剧上升，有近乎直线的形态。曲线斜率与植物单位面积叶绿素的含量有关。

5. 750～1 300 nm 谱段

植被在此谱段具有强烈反射的特性，具有高反射率的数值。室内平均反射率在 35%～78%，野外测定多在 25%～65%。

6. 1 300～1 600 nm 谱段

与 1 360～1 470 nm 谱段是水和二氧化碳的强吸收带有关，植被在此谱段的反射光谱曲线具有波谷的形态和较低的反射率数值。

7. 1 600～1 830 nm 谱段

与植物及其所含水分的波谱特征有关，植被在此波段的反射光谱曲线具有波峰的形态和较高的反射率数值。

8. 1 830～2 080 nm 谱段

植物所含水分和二氧化碳的强吸收带，反射光谱曲线在此波段具有波谷的特征和较低的反射率数值。

9. 2 080～2 350 nm 谱段

植被在此波段具有波峰的形态和中等的反射率数值。

10. 2 350～2 500 nm 谱段

植物含水分和二氧化碳的强吸收带，故植被在此波段的反射光谱曲线表现为波谷形态和较低的光谱反射率。

四、方法与步骤

1. 仪器准备

准备好便携式光谱仪、便携式叶绿素测定仪、卷尺，同时在手机端安装光谱仪相应软件。

2. 室外测定

（1）将一标准白板平放在地面，光谱仪镜头垂直向下，离白板高度约 20 cm，用光谱仪测定其反射量，对光谱仪进行标定。

（2）在一块试验地中，选择 3 个长势均匀的区域进行测定，每个点测 5 次。测定时，在作物冠层上方 1 m 左右进行光谱监测，光谱仪垂直向下，为避免身体遮挡阳光，持光谱仪的手臂尽量往远处伸。

（3）叶绿素含量的测定　在每个测定区域，在作物冠层，分别在上、中、下 3 个层次选择叶片进行叶绿素含量测定。每个层次选择 3 张叶片，每张叶片选择 5 个点用便携式叶绿素仪进行测定，最后求取平均值。

（4）叶面积指数的测定　在农田用卷尺或直尺量出 1 m² 的面积，数出 1 m² 面积内作物的株数并记录。取植株样本 3 株，在室内进行面积的测量。量出各个绿色叶片的长度（从叶基到叶尖，不含叶柄）和宽度（叶片上与主脉垂直方向上的最宽处）求出叶片面积，进而根据单位面积株数计算叶面积指数。

3. 室内测定

（1）计算叶面积指数。

（2）整理 SPAD。

（3）光谱植被指数的计算　在测定的光谱数值中，选出所有红波段和近红外波段，两两进行组合，计算归一化差值植被指数（*NDVI*）和比值植被指数（*RVI*）。

$$NDVI = \frac{\text{近红外波段反射率} - \text{红波段反射率}}{\text{近红外波段反射率} + \text{红波段反射率}}$$

$$RVI = \frac{\text{近红外波段反射率}}{\text{红波段反射率}}$$

五、作业

1. 分析比较作物不同生长发育阶段冠层光谱反射率及植被指数的差异。
2. 根据测定数据，构建通过植被指数反演作物长势的模型。

实验四十二　小麦田管理、系统调查与总结

一、实验目的

在教师指导下，综合运用作物栽培学、植物营养学、植物生理学、田间实验设计与生物统计等专业课程知识，由学生分组负责种植、管理小麦实训田，在全生育期内系统观察记载，并完成收获总结。以了解小麦在各生长发育时期的长势与长相，了解小麦生长发育规律，培养学生的科研能力，实践小麦丰产栽培管理措施，掌握基本的农事操作技术和简单的农机操作。

二、材料与用具

小麦实训田；农具、卷尺、木尺、天平、烘箱等。

三、内容说明

实验按教学小组进行，每班用地 600～1 000 m²。

1. 实验方案与播种

（1）了解前茬作物（产量、长势、病虫草害发生情况等）、播前基础地力水平。

（2）根据分组情况、专业特点和兴趣，选择实验设计（表 42-1）或自行

表 42-1　小麦实训田实验设计参考

实验设计	处理	品种
氮肥用量实验	纯氮 120 kg/hm²、180 kg/hm²、240 kg/hm²、300 kg/hm²	
氮肥基追比实验	基肥追肥比例分别为 10∶0、7∶3、5∶5、3∶7	
种植密度实验	大穗型品种：135 万/hm²、270 万/hm²、405 万/hm²、540 万/hm² 中穗型品种：90 万/hm²、180 万/hm²、270 万/hm²、360 万/hm²	
播期实验	10 月 8 日、10 月 15 日、10 月 22 日、10 月 29 日	大穗型品种 中穗型品种
灌水模式实验	不灌水、大水漫灌、微喷带灌溉、滴灌	
播种方式实验	常规条播、宽幅播种、撒播（立体匀播）、撒播＋品种混播	
生物菌肥替代化学肥料实验	生物菌肥＋减施尿素 10%、20%、30%，CK 为常规施氮 240 kg 纯氮/hm²	
一次性施肥技术实验	普通尿素和缓控释尿素掺混肥一次性施肥 600 kg/hm²、750 kg/hm²、900 kg/hm²，CK 为常规施纯氮 240 kg/hm²	

设计实验进行实训田实施。一般采用裂区设计，以品种为主区，以其他管理措施为副区，3 次重复。小麦长、宽因地块大小而定。根据实验设计，确定基肥用量并结合划小区、整地，做好播前准备工作。

（3）种子准备，确定实验方案后，测定种子发芽势与发芽率，采用小麦专用种衣剂（如酷拉斯种衣剂：2.2%苯醚甲环唑＋2.2%咯菌晴＋22.6%噻虫嗪；亮势：21%戊唑·吡虫啉悬浮种衣剂等）包衣后，分装好备用。

（4）除播期实验需根据实验设计播种外，其他实验可在 10 月 8～18 日择期播种。根据实验设计可采用人工、机械等不同播种方式，播后注意镇压。

（5）将上述调查及田间操作管理计入田间调查记载表。

2. 田间调查与记载

（1）生育时期 小麦从出苗到成熟所经历的时间称为全生育期。为了方便指导生产，根据小麦外部器官的特征，结合农事操作，从生产和栽培的角度将小麦全生育期划分为以下生育时期：

① 播种期。小麦播种的日期。一般指依照当地气候条件适宜播种的某几天。

② 出苗期。小麦第 1 片真叶露出地表 2～3 cm 时为出苗，田间有 50% 以上麦苗达到出苗标准时的日期，为该田块的出苗期。

③ 3 叶期。田间有 50% 以上的麦苗，主茎 3 片绿叶处于 2 cm 左右的日期，为 3 叶期。

④ 分蘖期。田间有 50% 以上的麦苗，第 1 分蘖露出叶鞘 2 cm 左右时，为分蘖期。

⑤ 越冬期。北方冬麦区冬前平均气温稳定降至 4 ℃，麦苗停止生长时，为越冬期。

⑥ 返青期。北方冬麦区翌年春季气温回升时，麦苗叶片由暗绿、青绿色转为淡绿、鲜绿色，部分心叶露头时，为返青期。

⑦ 起身期。翌年春季麦田由匍匐状开始直立、挺立，主茎第 1 片叶叶鞘拉长并和年前最后叶叶耳距相差 1.5 cm 左右，主茎年后春生第 2 叶接近定长，主茎内部穗分化达到二棱期、基部第 1 节间开始伸长，但尚未伸出地面时，为起身期。

⑧ 拔节期。全田有 50% 以上植株茎部第 1 节间露出地面 1.5～2.0 cm 时，为拔节期。

⑨ 挑旗—孕穗期。全田有 50% 的单茎旗叶叶片全部抽出叶鞘，旗叶叶鞘包着的幼穗明显膨大时，为孕穗期。

⑩ 抽穗期。全田 50% 以上麦穗（不含芒）由叶鞘中露出 1/2 时，为抽

穗期。

⑪ 开花期。全田50％以上麦穗中上部小花的内外颖张开、花药散粉时，为开花期。

⑫ 乳熟期。籽粒开始沉淀淀粉、胚乳呈乳状，约在花后10 d，籽粒含水量在45％左右时，为乳熟期。

⑬ 成熟期（蜡熟期）。籽粒含水量急剧下降，胚乳由面筋状转呈蜡状，籽粒由黄绿色变为黄色，籽粒开始变硬时为蜡熟期，此时为最适宜的收获期。

⑭ 收获期。小麦收获的日期。

（2）在出苗期越冬期、返青期、起身期、拔节期、挑旗期、开花期、灌浆中期、成熟期，观察小麦植株长势与长相，记载相关农学性状。

① 基本苗。小麦3叶期，各小区选取4行小麦，量取1 m长，在该4行×1 m区域内调查出苗数，结合行距计算基本苗。

② 单株茎数/成穗数。越冬期、返青期、起身期、拔节期、挑旗期、成熟期各小区随机取20～30株小麦调查单株茎数/成穗数。

③ 3叶以上大蘖数。在起身期各小区随机取20～30株小麦调查3叶以上大蘖数。

④ 单株次生根数。越冬期、返青期、起身期、拔节期、挑旗期、开花期、灌浆中期各小区随机取20～30株小麦调查单株次生根数。

⑤ 单位面积茎数。越冬期、返青期、起身期、拔节期、挑旗期、开花期选取4行×1 m区域调查、计算单位面积茎数。

⑥ 叶面积指数。越冬期、返青期、起身期、拔节期、挑旗期、开花期、灌浆中期各小区取样测定单株/茎叶面积，结合群体数量计算叶面积指数。

⑦ 干物质积累量。各生育时期各小区取20～30株/单茎，按照茎秆、叶片、颖壳＋穗轴、籽粒等器官分样，105 ℃杀青30 min后于80 ℃条件下烘干至恒重，称量后计算单位面积干物质积累量。

⑧ 茎秆抗倒能力。开花期及灌浆中期测定茎秆充实度、机械强度、重心高度、抗倒指数等指标。

⑨ 籽粒灌浆特性。分别于花后5 d、10 d、15 d、20 d、25 d、30 d、35 d取15～20个麦穗，按照上述步骤放入烘箱中杀青、烘干、脱粒后计算粒重，然后各处理模拟logistic方程（S形生长模型），计算理论潜力粒重、粒重实现率（成熟期粒重/理论潜力粒重）、达到最大灌浆速率的时间和最大灌浆速率等。

⑩ 收获指数。产量/干物质积累量。

（3）田间收获测产 产量、产量构成因素等指标的测定按照"小麦田间测产和室内考种"进行。

3. 田间栽培管理与记载

按照实验设计的肥料运筹方式进行水肥管理；按照一般小麦高产攻关田的技术方案进行病虫草害防治，详细记载各类田间栽培管理措施的实施时间与实施方式。

四、作业

1. 个人查阅文献资料，撰写实验方案。方案内容包括：立项依据（实验目的意义、国内外研究分析、参考文献）、实施方案及实施计划（研究内容、实验设计、田间种植图、测定指标与方法、可行性分析、实施时间表）、预期结果、特点与创新之处。

2. 结合专业理论知识，利用生物统计方法分析实验结果，撰写报告。报告内容包括概述试验研究内容与方法、研究结果分析（通过图、表等形式展示实验结果与结论、绘制优化栽培技术增产增效的流程图、简述研究结果的学术价值及其应用前景）、预期目标与完成情况比较、存在问题及建议。

3. 记录小麦实训田各类田间栽培管理措施的实施时间与实施方式、问题建议等（表 42 - 2）。

表 42 - 2　小麦实训田调查管理记录表

日期：＿＿＿＿＿＿＿＿＿＿＿　参加人员：＿＿＿＿＿＿＿＿＿＿＿
主要工作内容及调查项目：
问题与建议：

实验四十三 玉米田管理、系统调查与总结

一、实验目的

在教师的指导下，由学生分组负责种植、管理玉米实训田，在全生育期内系统观察记载，并完成收获总结。以了解不同类型玉米在各生长发育时期的长势与长相，了解玉米生长发育规律，培养学生的科研能力，实践玉米丰产栽培管理措施，掌握基本的农事操作技术。

二、材料与用具

玉米实训田；农具、木尺、皮尺、卷尺、镊子、刀片、天平、烘箱等。

三、内容说明

实验按教学小组进行，每班用地 $600 \ m^2$。

1. 实验设计与播种

（1）了解前茬作物、播前地力水平。

（2）采用裂区设计，设置 3 个种植密度（4.5 万株/hm^2、6.0 万株/hm^2、7.5 万株/hm^2），选用 3 个不同类型品种（平展型、半紧凑型、紧凑型）各 1 个，以密度为主区，品种为副区，每个处理重复 3～5 次。小区长、宽、面积因地而定。根据播前地力水平测定结果，确定肥料用量及运筹方式，施用底肥，整地划小区。

（3）确定所选用品种后，测定种子发芽率与发芽势，用玉米专用种衣剂包衣，按小区用量分袋装好。

（4）在 6 月 15 日前后播种。按照 60 cm 等行距人工开沟播种，播深 3～5 cm，要求沟底平直。人工带尺点种，株距按照种植密度计算。整个小区播种完成后检查盖沟，耙细耙平。

（5）将上述调查及田间操作管理记入田间调查记载表中。

2. 田间调查与记载

（1）生育时期　在玉米一生中，由于自身量变和质变的结果及环境变化的影响，不论外部形态特征还是内部生理特性，均发生不同的阶段性变化，这些阶段性变化称为生育时期。全田 50％以上植株达到此标准即进入该时期。各生育时期及鉴别标准如下。

① 出苗期。幼苗出土高约 2 cm 的时期。

② 3 叶期。植株第 3 片叶露出叶心 2～3 cm。

③ 拔节期。植株雄穗伸长，基部茎节总长度达 2～3 cm，叶龄指数 30 左右。

④ 小喇叭口期。雌穗进入伸长期，雄穗进入小花分化期，叶龄指数 46 左右。

⑤ 大喇叭口期。雌穗小花分化期，雄穗四分体期，叶龄指数 60 左右，雄穗主轴中上部小穗长度达 0.8 cm，棒三叶甩开呈喇叭口状。

⑥ 抽雄期。植株雄穗尖端露出顶叶 3～5 cm。

⑦ 开花期。植株雄穗开始散粉。

⑧ 抽丝期。植株雌穗的花丝从苞叶中伸出 2 cm 左右。

⑨ 籽粒形成期。植株果穗中部籽粒体积基本建成，胚乳呈清浆状，亦称灌浆期。

⑩ 乳熟期。植株果穗中部籽粒干重迅速增加并基本建成，胚乳呈乳状后至糊状。

⑪ 蜡熟期。植株果穗中部籽粒干重接近最大值，胚乳呈蜡状，用指甲可以划破。

⑫ 完熟期。植株籽粒干硬，籽粒基部出现黑色层，乳线消失，并呈现出品种固有的颜色和色泽。

（2）在拔节期、大喇叭口期、开花期、乳熟期及完熟期观察玉米植株长势与长相，记载相关农学性状，调查标准如下。

① 株高。抽雄前，自地面量至最高叶尖的高度（cm）。抽雄后，自地面量至雄穗顶端的高度（cm）。如抽雄前在田间测定自然株高时，则自地面量至植株自然高度的最高处（cm）。

② 茎高。自第 1 层节根量至茎顶生长锥基部以下的茎秆高度（cm）。

③ 节根层数。自茎秆基部第 1 层节根至最上面一层节根的总层数。

④ 节根条数。全部节根总条数。

⑤ 可见叶数。叶尖露出心达 2 cm 以上的叶片总数。

⑥ 展开叶数。充分展开的叶片数（整数）加上展开叶上面第 1 个未展开叶的展开部分（小数）。

⑦ 总叶片数。主茎叶片的总数（包括未抽出的叶片数，可剥开植株计算）。

⑧ 叶龄指数。

$$叶龄指数 = \frac{展开叶片数}{总叶片数} \times 100$$

⑨ 单株绿叶面积。单株绿色叶片面积［单叶中脉长（cm）×最大宽度（cm）×0.7］总和。

⑩ 叶面积系数。叶面积系数＝每公顷绿叶面积（m²）/10 000（m²）。

⑪ 光合势。是指在某一生育时期或整个生育时期内群体绿叶面积的逐日累积，光合势的单位是×10⁴（m²·d）/hm² 来表示。计算某一时期内的光合势的方法，一般是以这一时期内单位土地上的日平均叶面积乘以这一时期延续的天数。

⑫ 干物质积累量。在每个处理小区选取长势一致有代表性的植株 3～5株，拔节期、大喇叭口期和开花期将植株分为茎秆和叶片，乳熟期和完熟期将植株分茎秆、叶片、穗轴和籽粒，于 105 ℃杀青 30 min，80 ℃烘干至恒重，称重。

⑬ 净同化率。是指单位叶面积在单位时间内所积累的干物质数量。

⑭ 生长率。作物生长率又叫群体生长率，它表示单位土地面积上作物群体干物质的增长速度，也就是单位土地面积上作物群体在单位时间内所增加的干物重。

⑮ 相对生长率。按照作物生长与时间呈指数函数关系的规律，植物在生长过程中植株越大（越重），而且生产效能越高，则所形成的干物质越多。生产的干物质用于形成植株体，从而为下一步的生长奠定了更大的生长基础。这种生长过程称为植物生长的复利法则。

⑯ 经济系数。指作物的经济产量与生物产量的比例。

3. 田间收获测产

按照实验十一的方法进行。

4. 田间栽培管理与记载

按照实验设计的肥料运筹方式进行水、肥管理；按照一般高产田的技术方案进行病虫草害防治，详细记载各类田间栽培管理措施的实施时间与实施方式。

四、作业

利用生物统计方法分析品种和种植密度对玉米产量和生产发育的影响，完成实验总结。

实验四十四　花生田管理、系统调查与总结

一、实验目的

1. 让学生了解不同类型花生在各生长发育时期的长势与长相，了解花生生长发育规律。

2. 以学生为主，指导其独立完成实验的设计、调查与总结，充分发挥学生的主观能动性，培养学生的科研能力。

3. 实践花生高产栽培管理措施，掌握基本的农事操作技术。

二、材料与用具

花生实训田；天平、烘箱、标签、米尺、钢卷尺、剪刀、铁锹、镢头等。

三、内容说明

通过认知花生田，培养了学生发现问题的能力，在此基础上，通过教师指导，学生分组负责管理花生教学实验田，并在整个生育时期进行系统观察记录，完成收获总结，进一步培养学生的实践动手能力和科研能力。

1. 实验内容

（1）不同花生品种识别实验　选用不同类型的花生品种，如山花9号（普通型，网纹清晰，果腰较粗，果壳较硬，籽仁长椭圆形，种皮粉红色）、白沙1016（珍珠豆型，连续开花，直立生长，种皮浅红色）、JH106（珍珠豆型，匍匐生长，种皮紫红色）、四粒红（多粒型，叶形长椭圆形，叶色绿，花冠淡黄色；荚果为串珠形；种子3～4粒，种皮深红色）。整地后覆膜种植。小区面积15 m²（5 m×3 m），设置3次重复。一般于5月初进行整地，5月中旬进行种植，每穴两粒。行距为30 cm，株距为20 cm。10月上中旬收获。于各生育时期取样调查植株发育情况，比较不同品种间的生长差异。

（2）钙肥施用量实验　花生是喜钙作物。荚果缺钙则种子发育受阻，形成果壳肥厚，种子败育或秕瘦的"空果"。因而，本实验的研究目的是探究不同钙肥施用量对荚果及种子发育的影响。品种选用花生品种山花108，以氧化钙为钙源，施用量设为C_0（0 kg/hm²）、C_1（50 kg/hm²）、C_2（100 kg/hm²）、C_3（150 kg/hm²）、C_4（200 kg/hm²）、C_5（250 kg/hm²）。小区面积15 m²（5 m×3 m），设置3次重复。基施使用复合肥（$N-P_2O_5-K_2O$，15-

15-10）600 kg/hm²，基肥及不同处理的钙肥施入后，旋耕使肥料与土壤充分混匀。以每公顷 15 万穴，每穴两粒覆膜种植。行距为 30 cm，株距为 20 cm。于各生育时期取样调查植株发育情况。每处理的植株下针结荚后至成熟收获期，每隔 5 d 取荚果 1 次，用于研究不同施肥量对荚果及种子发育的影响。成熟期测产收获。

2. 田间管理与性状调查

（1）生育时期特点及管理要点和措施

① 播种—出苗。为提高出苗率，使苗全、苗壮，应选择成熟度好、活力强的种子播种。这一阶段对土壤水分要求高，相对含水量应达 70% 左右。萌发时要求的最低温度，珍珠豆型和多粒型为 12 ℃，普通型和龙生型为 15 ℃。查询往年气象资料，适期播种。出苗后，对于没有破膜的植株，及时挑破覆膜。

② 出苗—开花。是花生最耐旱的时期，适宜土壤相对含水量为 50%～60%，适宜干旱有利于枝多节密、苗壮。苗期长短主要受温度影响，大于 10 ℃有效积温 300～350 ℃。苗期生长最低温度为 14～16 ℃，最适温度为 26～30 ℃。对氮、磷等营养元素吸收不多，但苗期适当施氮、磷肥能促进根瘤的发育，有利于根瘤菌固氮，显著促进花芽分化数量，增加有效花数。

③ 开花下针期。花针期各器官的生育对外界环境条件反应比较敏感。土壤相对水分含量的 70%～80%。土壤干旱，尤其是盛花期干旱，不仅会严重影响根系和地上部的生长，而且显著影响开花，延迟果针入土，甚至中断开花，即使干旱解除，亦会延迟荚果形成。花针期干旱对生育期短的夏花生和早熟品种的影响尤其严重。此时期耗水最多（需水临界期早熟种在花针期，大果中晚熟种在盛花结荚和饱果初期），尤其盛花期，日耗水达 5～7 mm，土壤相对含水量 70% 为宜。

④ 结荚期。营养生长与生殖生长并盛期，叶面积系数、主茎高度、分枝数、冠层光截获率、群体光合强度均达到一生中的最高峰，同时亦是营养体由盛转衰的转折期。结荚期对于叶面病害喷施杀菌剂，同时，喷洒 1%～2% 尿素，2%～3% 过磷酸钙或 0.1%～0.2% 磷酸二氢钾液，能在一定程度上防止早衰，促进荚果发育。

⑤ 饱果成熟期。饱果期长短，因品种熟性、种植制度、气温等变化很大，北方春播中熟品种需 40～50 d，需大于 10 ℃ 有效积温 600 ℃ 以上，晚熟品种约需 60 d，早熟品种 30～40 d。夏播一般需 20～30 d。干旱等因素能加速植株衰老，缩短饱果期，而肥水过多或雨水过频，或弱光条件，均能延长饱果期。

（2）调查内容　完成定期取样的相关指标，具体内容和方法参照实验十七和实验十八。

完成测产及产量构成因素的调查，具体内容和方法参照实验十九。

3. 总结

根据调查结果，完成总结报告。

四、作业

1. 通过调查测定，分析比较不同花生品种植株的生长差异性。

2. 通过测产数据，比较不同钙肥施用量对花生荚果产量的影响，分析产量差异形成的原因。

实验四十五　棉花田管理、系统调查与总结

一、实验目的

在教师的指导下，由学生分组负责种植、管理棉花实训田，在全生育期内系统观察记载，并完成收获总结。以了解不同类型棉花在各生长发育时期的长势与长相，了解棉花生长发育规律，培养学生的科研能力，实践棉花丰产栽培管理措施，掌握基本的农事操作技术。

二、材料与用具

棉花实训田；缩节胺、农具、木尺、皮尺、卷尺、镊子、刀片、天平、烘箱等。

三、内容与方法

实验按教学小组进行，每班用地 600 m^2。

1. 实验设计与播种

（1）了解前茬作物、播前地力水平。

（2）采用裂区实验设计，3 次重复，小区长、宽、面积因地而定。主区设 3 个密度：4.5 万株/hm^2、6.0 万株/hm^2、7.5 万株/hm^2，行距 76 cm；副区采用 3 个化控水平（T0，T1，T2）：T0 为对照，喷清水；T1 在苗期、蕾期、初花期和盛铃期分别喷施缩节胺 7.5 g/hm^2、15.0 g/hm^2、45.0 g/hm^2、60.0 g/hm^2，T2 处理的缩节胺用量是 T1 处理同期用量的 2 倍。根据播前地力水平测定结果，确定肥料用量及运筹方式，施用底肥，整地划小区。

（3）确定所选用品种后，测定种子发芽势与发芽率，经硫酸脱绒并包衣后，按照小区用量分袋装好。

（4）在 4 月下旬前后播种。采用大小行种植，大行行距 100 cm，小行行距 80 cm。人工开沟，深度 3～5 cm，要求沟底平直。人工带尺点种，株距按照设计密度计算。整个小区播种完成后检查盖沟，耙细耙平后盖膜。

（5）将上述调查及田间操作管理记入田间调查记载表中。

2. 田间调查与记载

（1）生育时期　在棉花一生中依据棉花植株形态学上的变化可划分为若干个时期，称为生育时期。各生育时期及鉴别标准如下。

① 出苗期。子叶出土平展即为出苗，出苗率达 10% 时的日期为始苗期，达 50% 的日期为出苗期。

② 现蕾期。幼蕾的三角苞叶达 3 mm，肉眼可见为现蕾的标准。全田 10% 的棉株第 1 幼蕾出现为始蕾期，达 50% 的日期为现蕾期。

③ 开花期。全田 10% 的棉株第 1 朵花开放的日期为始花期，达 50% 的日期为开花期。

④ 盛花期。单株日开花量最多的日期，一般以第 4、5 果枝第 1 朵花开放，作为进入盛花期的标准。始花后 15 d 左右进入盛花期。

⑤ 吐絮期。全田 10% 的棉株有开裂棉铃的日期为始絮期，达 50% 的日期为吐絮期。

（2）在现蕾、开花、盛花、吐絮期观察棉花植株长势与长相，记载相关农学性状调查标准如下。

① 株高。即主茎高度，从子叶节量至顶端生长点，以 cm 表示，打顶后则量至最上果枝的基部。

② 第 1 果枝着生节位。指主茎上着生第 1 果枝的节位数，子叶节不计算在内。陆地棉品种一般是 6～8 节。

③ 第 1 果枝着生高度。指主茎上从子叶节到着生第 1 果枝处的距离，以 cm 表示。

④ 果枝数。单株上所有果枝数，枝条虽未伸出但已出现幼蕾者，即可作为果枝计数，空果枝亦应包括在内。

⑤ 蕾数。单株总蕾数（幼蕾以三角苞叶达 3 mm，肉眼可见作为计数标准）。

⑥ 开花数。指调查当天单株开花数（上午为乳白色花，下午浅粉红花）。

⑦ 幼铃数。单株幼铃数，幼铃的标准是开花后 2 d 到 8～10 d、子房横径不足 2 cm 的铃，一般以铃尖未超过苞叶、横径小于大拇指甲作标准。

⑧ 成铃数。开花 8～10 d 以后横径大于 2 cm，而尚未开裂吐絮的棉铃数。

⑨ 吐絮铃数。铃壳开裂见絮的棉铃数。

⑩ 烂铃数。铃壳大部变黑腐烂的棉铃数。

⑪ 单株总铃数。有效花终止期以前，以花及幼铃、成铃、吐絮铃、烂铃的总和计算。有效花终止期以后，10 月初以前的花及幼铃以 1/2 计，10 月初以后不计花及幼铃。

⑫ 脱落数。果枝上无蕾、铃的空果节数。

⑬ 总果节数。指单株上已现蕾的总数，调查时等于蕾数、花数、铃数、脱落数的总和。

⑭ 脱落率。脱落数占总果节数的百分率。

⑮ 伏前桃。指入伏以前所形成的棉铃。现统一规定为 7 月 15 日调查时的成铃数。

⑯ 伏桃。指三伏期所形成的棉铃，即 7 月 16 日至 8 月 15 日期间所结的成铃。伏桃数以 8 月 15 日调查的成铃数减去伏前桃计算。

⑰ 秋桃。指出伏后能形成的有经济价值的铃，即 8 月 16 日以后所结的有效成铃。秋桃数以 9 月 15 日调查的成铃数减去伏前桃和伏桃计算。

⑱ 铃重。指单个棉铃内的籽棉重，以 g 为单位。一般于吐絮期间分早、中、晚 3 次采收正常吐絮铃 100 个或 200 个，晒干称重，除以采收铃数，3 次平均。所得单铃重通常作为品种的铃重。栽培上测产的做法应该是在小区内定点测定，每次收花收取点内所有吐絮铃，记录采收个数，晒干称重，将每次采收的籽棉重相加除以采收的总铃数，即得全株平均单铃重。

⑲ 霜前花产量。指枯霜前已发育成熟的籽棉产量。一般应将枯霜后 3~5 d 收的籽棉计入霜前花产量。

⑳ 籽指。百粒棉籽（已轧去纤维的种子）的重量，以克为单位，取样 3 次，取平均值。

㉑ 衣指。百粒棉籽上纤维的重量，以 g 为单位。

㉒ 衣分。称取 500~1 000 g 籽棉，轧出皮棉，称皮棉重，皮棉重占籽棉重的百分率，亦可用衣指、籽指计算。

$$衣分（\%）=\frac{皮棉重}{籽棉重}\times100 \text{ 或 } 衣分（\%）=\frac{衣指}{子指+衣指}\times100$$

㉓ 叶面积和叶面积系数的测定。叶面积测定目前比较通用的主要有以下 3 种方法。

a. 叶面积仪法。用叶面积仪直接测定。

b. 重量相关法。利用一定面积叶片样本的干重和全部叶片的干重来推算全部叶片的面积。先将单株或若干样株全部叶片摘下，然后在其中选取有代表性的叶片若干张，用 1 cm² 或 2 cm² 打孔器或厚纸卡切 100 片或 200 片叶样片，将叶样片和全部叶片分别烘干，称其干重，即可推算出全部叶面积。

$$单株叶面积（cm^2）=\frac{单株全部叶片干重（g）}{叶样片干重（g）}\times叶样片面积（cm^2）$$

c. 长宽系数法。可在田间测量叶片的长、宽，再乘以一校正系数。叶长为从叶片与叶柄连接点到中裂片尖端，叶宽为通过该连接点到叶片两边的距离。不同品种、不同条件下叶片以及不同时期出生的叶片校正系数都有所不同，需在具体条件下通过实测来取校正系数。一般情况下，取 0.72~0.76。

d. 去叶尖法。自叶基至中裂尖 1 cm 宽处的距离为叶长 A，垂直中脉并通过叶柄基部的宽度为叶宽 B。A×B 即为该叶面积。大部分品种除基部三叶外，均可使用此法。棉花基部三叶面积，可以利用自然叶长和叶宽的乘积来求得。

㉔ 干物质积累量。在一个重复内每次选取 2～3 株，按照根、茎、果枝、叶、棉铃分开，105 ℃杀青 30 min 后于 80 ℃条件下烘至恒重。

㉕ 光合势。是指在某一生育时期或整个生育时期内群体绿叶面积的逐日累积。光合势的单位以×10^4 $m^2/(d \cdot hm^2)$ 来表示。

㉖ 净同化率。是指单位叶面积在单位时间内所积累的干物质数量。

㉗ 生长率。作物生长率又叫群体生长率，它表示单位土地面积上作物群体单位时间内所增加的干物重。

㉘ 相对生长率。按照作物生长与时间呈指数函数关系的规律，植物在生长过程中植株越大（越重），而且生长效能越高，则所形成的干物质也越多。生产的干物质用于形成植株体，从而为下一步的生长奠定了更大的生长基础。这种生长过程成为植物生长的复利法则。

（3）田间收获测产　按照"棉花田间测产方法"进行。

3. 田间栽培管理与记载

按照实验设计的肥料运筹方式进行水、肥管理；按照一般高产田的技术方案进行病虫草害防治，详细记载各类田间栽培管理措施的实施时间与实施方式。

四、作业

利用生物统计方法分析实验结果，完成实验总结。

实验四十六　甘薯田管理、系统调查与总结

一、实验目的

1. 让学生了解不同类型甘薯在各生长发育时期的长势与长相，了解甘薯生长发育规律。

2. 以学生为主，指导其独立完成实验的设计、调查与总结，充分发挥学生的主观能动性，培养学生的科研能力。

3. 实践甘薯高产栽培管理措施，掌握基本的农事操作技术。

二、材料与用具

甘薯实训田；天平、烘箱、盆子、米尺、卷尺、剪刀、铁锹、镢头、插秧器等。

三、内容说明

通过认知田，培养了学生发现问题的能力，在此基础上，通过教师指导，学生分组负责栽植、管理甘薯实训田，并在整个生育时期进行系统观察记录，完成收获总结，进一步培养学生的实践动手能力和科研能力。

1. 实验设计及栽插

（1）采用裂区实验设计，设置 2 种秧苗素质（壮苗和弱苗），3 种处理方式（覆盖黑色地膜、覆盖白色地膜和不覆膜），秧苗素质为主区，覆膜处理为副区。小区面积 15 m^2（3.75 m×4 m），设置 3 次重复。品种选用当地主栽食用型品种，如烟薯 25、苏薯 8 号等。一般于 4 月底至 5 月初进行春薯的栽植，10 月上中旬收获，最迟在霜降前完成。

（2）了解前茬作物、栽插前地力水平，并根据地力水平确定肥料用量，一般地块可施用磷酸二铵和硫酸钾各 450 kg/hm^2，地力水平高的地块可相应减少肥料用量。所有肥料均基施。

（3）施肥后，旋耕使肥料与土壤充分混匀，起垄，垄距 75 cm。覆膜处理，起垄后覆膜。

（4）确定小区边界后，利用打孔器（株距 25 cm）打孔，浇水，施用防治地下害虫的药，栽插。

2. 田间管理与性状调查

（1）生长前期

① 生育时期特点。生长前期是指栽苗到封垄期。春甘薯茎叶生长慢，纤维根生长快，以根系生长为中心；后半期开始生长分枝、结薯，本期末薯数基本稳定，分枝数达全生长期的 $80\% \sim 90\%$。

② 管理要点及措施。保证全苗，促茎叶早发、早分枝、早结薯，以促为主。及时查苗补苗，在栽秧后 $3 \sim 4$ d 进行，要选壮苗、浇足水。及时化学除草，主要针对不覆膜处理，可用 72% 异丙甲草胺 $1.80 \sim 1.95$ L/hm^2，兑水 $750 \sim 900$ kg，于栽后喷施并尽量避开薯苗。

③ 调查内容。分别于栽后 21 d 和封垄期（秧蔓覆盖地面），调查地上部的叶片数、分枝数，分枝长度，并分别称取叶片、叶柄和茎蔓的鲜重，并利用烘干法确定上述器官的干率，并计算各器官的干重；取有代表性的植株 10 株，将其地下部完整挖出，冲洗干净，记录不定根的条数、长度、根粗和根的鲜重及干重；封垄期时，还需要调查块根（直径大于 1 cm）数量、块根鲜重及干重。

（2）生长中期

① 生育时期特点。生长中期是指由封垄期到茎叶高峰期。此期温度高、雨水多、日照少，茎叶生长快，薯块膨大较慢；以氮代谢为主，茎叶中含氮多，高产田若施氮过多、土壤水分又多，易徒长。

② 管理要点及措施。春薯高产田，控茎叶徒长，促块根膨大；春薯一般田或夏薯既促茎叶生长，又促块根膨大。及时排水防涝，保护茎叶不翻蔓，高产田控制茎叶徒长，重点防治甘薯天蛾、斜纹夜蛾、造桥虫等害虫。

③ 调查内容。自封垄期开始，每隔 20 d，取一次样，每一个小区取 5 棵有代表性的植株，数叶片数、分枝数，量取拐子粗、分枝长度，将叶、柄、茎及块根称重，选取部分留为鲜样，经 105 ℃杀青后再 60 ℃烘干，称重，计算各器官干率和干重。选取具有代表性的叶片 20 片，每片叶片利用打孔器打 5 个孔（避开主叶脉），利用比重法计算单株叶面积，并计算叶面积指数。

（3）生长后期

① 生育时期特点。由于气温下降、雨量减少，叶片含氮正常减少；叶片开始落黄，茎叶重量减少，薯块进入膨大高峰期。

② 管理要点及措施。防止茎叶早衰，促茎叶养分向块根转移。叶片落黄较快者以氮肥为主，地上部生长较旺者，以磷、钾肥为主。均宜进行根外追肥，用 2% 的尿素溶液每公顷 750 kg，或用 0.2% 的磷酸二氢钾兑水 $50 \sim 60$ kg。田间持水量达到 50% 时，叶片落黄快，不利于光合作用和养分运转，此时浇水可显著增产；采取隔沟浇小水。适时收获。一般地温 18 ℃时开始（寒露前

后或 10 月上旬）；到地温 12 ℃、气温 10 ℃以上时结束。

③ 调查内容。继续完成定期取样的相关指标，具体参照生长中期调查项目。

完成测产及产量构成因素的调查，具体方法参照实验二十七。

3. 总结

根据调查结果，完成总结报告。

四、作业

1. 通过调查数据，分析秧苗素质、覆盖地膜对甘薯块根产量形成的影响。

2. 分析秧苗素质和覆盖地膜引起甘薯块根产量差异的可能原因。

图书在版编目（CIP）数据

作物生产学实验 / 刘鹏主编 . —北京：中国农业
出版社，2022.8
 ISBN 978 - 7 - 109 - 27527 - 0

 Ⅰ.①作… Ⅱ.①刘… Ⅲ.①作物－栽培技术－实验
Ⅳ.①S31 - 33

 中国版本图书馆 CIP 数据核字（2020）第 208838 号

中国农业出版社出版
地址：北京市朝阳区麦子店街 18 号楼
邮编：100125
责任编辑：廖　宁
版式设计：王　晨　　责任校对：吴丽婷
印刷：北京中兴印刷有限公司
版次：2022 年 8 月第 1 版
印次：2022 年 8 月北京第 1 次印刷
发行：新华书店北京发行所
开本：700mm×1000mm　1/16
印张：11.5
字数：250 千字
定价：58.00 元